KB252116

김활란의
메이크업 뷰티

S · T · A · F · F

사진   정기락, 이창민(GRM STUDIO)

모델   이혜진, 정진우, 은지영, 박상아, 이정은

스타일리스트   김영미, 조지영(INTREND)

메이크업＆헤어   김활란, 조수민, 이영주, 서지윤, 신선아(김활란 뮤제네프)

김활란의
메이크업 뷰티

2014년 11월 28일 | 초판 1쇄 발행
2015년   9월 20일 | 초판 2쇄 발행

지은이 | 김활란
발행인 | 이원주

임프린트 대표 | 김경섭
기획편집팀 | 한선화 · 김순란 · 강경양 · 한지은
구성 · 정리 | 이주희
디자인 | 정정은 · 김덕오
마케팅 | 노경석 · 조안나 · 이유진
제작 | 정웅래 · 김영훈

발행처 | 미호
출판등록 | 2011년 1월 27일(제321-2011-000023호)

주소 | 서울특별시 서초구 사임당로 82
전화 | 편집 (02)3487-1141 영업 (02)2046-2800
팩스 | 편집 (02)3487-1161 영업 (02)588-0835

ISBN 978-89-527-7226-8 13590

본서의 내용을 무단 복제하는 것은 저작권법에 의해 금지되어 있습니다.
파본이나 잘못된 책은 구입한 곳에서 교환해 드립니다.

김활란의
메이크업 뷰티

김활란 지음

Makeup Beauty

미호

수많은 메이크업 브랜드에서 하루가 멀다 하고 신제품이 쏟아져 나온다. 눈만 돌려 조금만 관심을 가지면 메이크업에 대한 정보쯤은 누구나 쉽게 얻을 수 있다. 하지만 넘쳐나는 제품과 정보의 홍수 속에서 오히려 메이크업에 대한 혼란과 고민은 점점 커지고 있다. 이러한 상황이 반복되다 보니 메이크업이 그저 귀찮고, 어렵고, 번거로운 것이라고 말하는 이들도 적지 않다. 모두 메이크업에 대해 어렵게 생각하기 때문이다.

그렇다면 메이크업이 즐겁고 재밌지 않은 이들은 모두 아름다움을 포기해야만 하는 것일까? 생각만 바꾸면 문제는 가볍게 해결된다. 메이크업을 마냥 두렵고 불편한 것이 아니라 편안하고 만족스러운 '놀이'로 생각하고 빠져들면 된다. 놀이에는 실패가 없다. 블록 쌓기 놀이를 하다 무너졌다고 해서 그 놀이가 실패한 것은 아니지 않은가. 메이크업도 마찬가지! 언제든 수정이 가능하고 정해진 법칙이 없기 때문에 메이크업에 실패라는 것은 존재하지 않는다. 때문에 누구나 자유롭게, 틀에 박힌 고정관념을 버리고 시도해보는 게 중요하다.

다만 메이크업을 좀 더 쉽고 아름답게 완성하기 위한 몇 가지 방법들이 있는데, 이것이 바로 메이크업의 완성도를 높이는 '스킬'이다. 스킬에서 가장 기본이 되는 것은 자신의 피부 상태를 파악하고 이목구비의 특징을 관찰하는 것이다. 우리의 이목구비, 눈썹, 치아, 피부상태는 사람마다 다르다. 그래서 자신에게 딱 맞고 어울리는 메이크업 방법을 찾아야 한다. 자신에게 맞는 옷을 입고, 맞는 신발을 신고, 체질에 맞는 음식을 먹는 것이 당연한 일인 것처럼 자신에게 맞는 메이크업을 하는 것 역시 당연한 일 아닌가.

그럼에도 불구하고 아직도 많은 이들이 자신의 얼굴에 대해 고정관념을 가지고 있거나 진지하게 관찰하지 않은 채 무조건 예뻐지기 위해 메이크업을 시작한다. 자신의 얼굴에 대한 정보를 충분히 파악하지 않고 막연히 예쁜 셀럽들의 메이크업을 공식처럼 대입하기도 한다. 무작정 그들의 메이크업을 따라하기보다는 자신의 얼굴에 대한 정보를 충분히 파악하고, 메이크업의 기본기를 마스터한 후, 장단점을 부각시키고 보완하는 방법을 익힌다면 자신에게 맞는 메이크업을 연출할 수 있을 것이다. 이 모든 과정은 책의 순서를 따르다 보면 자연스럽게 익힐 수 있다.

이 책의 인트로에서는 본격적인 메이크업에 앞서 기초가 되는 일곱 가지 팁을 정리했다. 피부 타입 체크부터 메이크업 도구 활용법까지 그야말로 초보가 꼭 알아두어야 할 메이크업의 기본을 설명했다. 이어서 난이도 높은 스킬을 더하지 않아도 자연스러운 아름다움을 어필할 수 있는 내추럴 메이크업과 장점과 단점을 부각시키거나 커버할 수 있는 메이크업 기법들을 소개한다. 또, 좀 더 완성도 높은 컬러 메이크업과 대한민국 뷰티 아이콘들의 트렌디한 메이크업, 내 남자를 훈남으로 만드는 스타일링 팁까지 누구라도 쉽게 따라할 수 있도록 친절한 설명을 더했다.

뿐만 아니라 이 책에는 수많은 셀럽들과 잡지 화보, 웨딩, 파티 메이크업 등을 진행하면서 그동안 메이크업 아티스트로서 느끼고 고민했던 소중한 메이크업 스토리도 담겨 있다. 이를 통해 좀 더 완성도 높은 메이크업을 만날 수 있고, 메이크업에 좀 더 익숙해지게 되면 독자들도 그들의 메이크업을 응용할 수 있게 될 것이다.

메이크업은 자신에게 무한한 자신감을 부여해주는 선물 같은 존재다. 스스로를 당당하게 만들어주는 기분 좋은 선물을 매일 아침 준비할 수 있다는 것은 참으로 행복한 일이라고 생각한다. 그런 선물 같은 존재가 아직도 많은 여성들에게 부담스럽고 귀찮은 존재로 자리하고 있다면, 이 한 권의 책을 통해 터닝 포인트를 맞이할 수 있길 조심스럽게 기대한다. 또, 자신의 얼굴에 관심을 가지고 차근차근 알아가는 것이야말로 메이크업의 진정한 첫걸음이라는 사실을 기억했으면 한다. 그 관심은 여러분에게 아름답고 놀라운 변화를 가져다줄 것이다.

마지막으로 이 책을 꾸며나갈 수 있도록 힘찬 응원을 보내주신 나의 소중한 셀럽들, 정기락 실장님, 김영미 실장님, 박이화 실장님, 김활란 뮤제네프 가족들에게 무한한 사랑과 감사를 드린다.

2014년 11월
메이크업 아티스트 **김활란**

Contents

PART 1
내추럴 메이크업
티 안 나게 감쪽같이 예뻐진다!

PART2
퍼펙트 메이크업
단점은 커버하고 장점은 부각시킨다!

PART 5
맨즈 메이크업&헤어
내 남자를 TV 속 훈남으로!

김활란의 메이크업 스토리

메이크업은
자신의 숨은 매력을 찾아내는
아름다운 놀이!

#1

**세 상 엔 결 코 똑 같 은 얼 굴 이
존 재 하 지 않 는 다**

내 얼굴의 다양한 정보를 먼저 읽어라

몇 해 전부터 다양한 메이크업 스킬을 알려
주는 뷰티 프로그램이 여성들 사이에서 큰
인기를 얻고 있다. 어떤 제품을 사용하면 화
사하게 메이크업을 할 수 있는지, 어떻게 아
이라인을 그리면 눈이 커지는지, 시즌별로
유행하는 가장 핫한 메이크업은 무엇인지.
그야말로 대한민국 여성들이 가장 궁금해 할
뷰티 정보만을 골라 속 시원하게 알려준다.
그 덕에 프로그램에 노출된 뷰티 제품은 불
티나게 팔리는 현상까지 낳았다.

하지만 가장 기본이 되는 정보나 메이크업 스킬은 좀처럼 얻기 힘들다는 아쉬움이 있다. 그렇다면 메이크업에 있어서 가장 기본은 무엇일까? 메이크업을 받는 고객이나 내 수업을 듣는 학생들에게 이와 같이 질문하면 열에 아홉은 이렇게 대답한다. "베이스 메이크업이요!" 물론 내 질문에 정답이 있는 것은 아니다. 그러나 내가 평소 생각하는 답은 따로 있다. 바로 자신의 얼굴을 정확하게 파악하는 것.

세상엔 결코 똑같은 얼굴이 존재하지 않는다. 대부분의 얼굴이 상하좌우 똑같은 대칭을 이루지 않고, 그날그날 컨디션에 따라 피부 상태도 바뀐다. 따라서 메이크업은 얼굴의 윤곽, 피부 톤, 피부 결, 이목구비의 형태에 따라 제각각 달라져야 한다. 그림을 그릴 때 캔버스에 그릴지, 화선지에 그릴지, 스케치북에 그릴지를 먼저 정하는 것처럼 어떤 얼굴에 메이크업을 할지 먼저 파악하는 게 순서. 그래야 필요한 컬러와 제형 등을 선택하고 메이크업의 콘셉트를 잡을 수 있다.

즉, 메이크업의 첫 단계는 내 얼굴의 장단점이 무엇인지 파악하는 것. 얼굴의 다양한 정보를 파악해야 단점을 완벽하게 보완하고 장점을 부각시키는 메이크업이 가능하다. 물론 다양한 메이크업 스킬을 익히는 것도 중요하다. 하지만 그 전에 자신의 얼굴에 애정을 가지고 수시로 관찰하며 다양한 정보를 수집하는 과정이 반드시 필요하다.

#2
메 이 크 업 의 8 할 은
내 얼굴에 딱 맞는 베이스 메이크업!

트렌디한 메이크업과
핫한 아이템에 속지 마라

한창 유행인 아이돌 메이크업이나 배우 ○○○의 메이크업을 무조건 따라하게 되면 자신에게 맞지 않는 옷을 입은 것처럼 어색해질 확률이 99%. 아무리 아름다운 스타의

메이크업을 그대로 재현한다 하더라도 자신의 얼굴에 어울리지 않는다면 무용지물이라는 뜻이다.

메이크업을 얘기하다 보면 종종 미술 작업에 비유하게 된다. 여성의 얼굴은 회화 작업에 필요한 밑바탕과도 같다. 어떤 바탕이냐에 따라 표현하는 기법이 변하고 컬러의 선택이 달라지기 때문. "참 쉽죠?"라는 말을 연발하며 슥슥 그림을 그려나가는 서양화가 밥 로스는 늘 그림을 그리기 전 밑바탕을 완성한다. 예를 들어 눈 내린 산과 깊고 고요한 호수를 그릴 때면 하늘, 산, 호수가 될 부분의 색감을 고려해 연한 바탕을 먼저 칠한다. 그러고 나서 그 위에 원하는 컬러 작업을 하는데, 바탕색 덕에 더 자연스럽게 표현이 완성된다.

화사한 피부 표현을 위해 23호의 피부에 21호의 파운데이션을 덕지덕지 바를 수는 없는 일이다. 또 지성 피부에 유분이 들어간 파운데이션을 사용할 수도 없다. 사람의 얼굴은 그마다 피부 톤과 피부 타입이 다르기 때문에 베이스 메이크업의 방법도 달라져야 한다. 내 얼굴의 단점을 커버할 수 없는 밑바탕 위에 아무리 화려하고 아름다운 컬러 표현을 한다고 해도 완성도 높은 메이크업은 불가능할 수밖에 없다.

베이스 메이크업은 밥 로스가 태양을 그리고 하늘과 호수를 그리기 위해 충분히 고려하고 칠한 밑바탕이다. 좀 더 자연스럽고 세련된 컬러 표현을 위해, 눈 밑 잡티를 커버하기 위해, 두껍고 비율이 맞지 않는 입술을 보완하기 위해, 포인트가 될 수 있는 눈매를 강조하기 위해. 밑바탕은 그렇게 얼굴의 장단점을 고려해 표현하는 것이 가장 이상적이다. 결국 내 얼굴에 맞는 밑바탕은 완벽한 메이크업의 시작인 동시에 완성인 셈이다.

메이크업은 번거로운 치장이 아니라 혜택이다

메이크업 스킬보다 매일매일
자신의 변화에 흥미를 가져라

"그럼 원장님이 생각하는 메이크업이란 무엇인가요?"

매체와의 인터뷰에서 종종 받는 질문이다. 메이크업을 업으로 삼은 사람으로서 여러 번 자문하고 또 생각해본 질문이기도 하다. 하지만 매번 '메이크업은 무엇이다'라고 단답형으로 결론내릴 수 없다는 것을 깨닫게 된다. 차라리 종일 메이크업에 관한 이야기를 나누는 편이 조금 더 쉽지 않을까. 다만 한 가지는 확실하게 얘기할 수 있다. 메이크업이 인간으로서 누릴 수 있는 가장 아름다운 혜택이라는 것.

길거리나 학교, 카페, 음식점에서 눈썹 하나 그리지 않고 활보하는 노메이크업의 여성들을 어렵지 않게 만날 수 있다. 단지 귀찮다는 이유로, 바쁘다는 이유로, 방법을 모른다는 이유로, 메이크업을 외면하고 있는 이들이다. 반론이 있을 수 있지만 나는 그 모든 이유가 '자신에게 성의가 없다'는 뜻으로 해석된다. 메이크업을 통해 충분히 아름다워질 수 있음에도 그 혜택을 충분히 누리지 않는 것. 자신을 아름답게 가꿀 마음이 없어서는

아닌지 자문해볼 필요가 있지 않을까?

가끔 메이크업 시연회를 진행하곤 한다. 메이크업을 시연할 때 나는 꼭 얼굴의 반만 작업한다. 그래야 보는 이들이 변화를 즉각적으로 확인하고 누구나 메이크업으로 달라질 수 있다는 것에 흥미를 느낄 수 있기 때문이다. 그렇다고 모두가 당장 내일부터 아이라인을 그리고 립스틱을 바를 것이라 기대진 않는다. 자신이 예쁘게 달라지는 모습에 흥미를 느꼈다면 평소 바르지 않던 파운데이션을 구입하는 것만으로도 변화는 시작된 것이다.

굳이 드라마틱한 변화를 위해 거창하게 메이크업을 시작하지 않아도 된다. 부담 갖지 말고 자신에게 조금의 성의만이라도 보여라. 그 성의가 반복되다 보면 조금씩 변화하는 스스로를 발견하게 될 것이다. 메이크업은 '번거로운 치장'이 아닌, 지구상에서 오직 인간만이 누릴 수 있는 가장 '아름다운 혜택'이라는 사실을 기억하길 바란다.

"제발, 메이크업 하세요!"

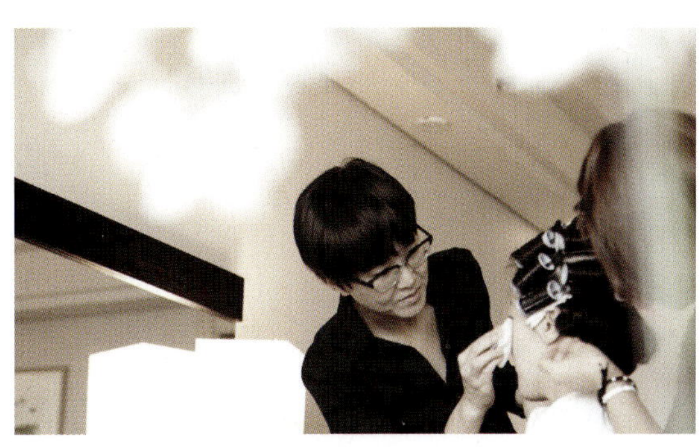

완벽한 뷰티를 위한
7가지 메이크업 기초

반세기 가까운 세월이 흘렀지만 올리비아 핫세가 연기한 줄리엣의 메이크업은 변함없이 아름답고 청초하다. 촌스러움이라곤 찾아볼 수 없고 품격이 흐르는 그녀의 메이크업이 결코 반세기를 앞서가서가 아니다. 특별한 기술을 더하지 않고 오로지 기본에 충실했기 때문. 그것이 바로 메이크업의 기초가 중요한 이유다.

Basics 1
피부 타입을 체크하라

얼마 전에 만난 지인은 메이크업 후 번들거리는 느낌 때문에 10년 넘게 지성 피부용 제품을 사용했지만 피부 테스트 결과 악건성이라는 진단을 받았다고 했다. 그동안 정성스럽게 발랐을 전용 제품들이 오히려 피부를 안 좋게 만든 결과가 된 셈. 이런 사람들이 생각보다 꽤 많다. 모두 자신의 피부 타입에 무관심하기 때문이다. 우리는 보통 유분이 많으면 지성 피부, 뻣뻣하면 건성 피부라고 오해한다. 하지만 조금만 관심을 기울이면 자신의 피부 타입을 제대로 파악할 수 있다.

• 건성 피부 체크리스트 •

- ☐ 세안 후 아무것도 바르지 않으면 얼굴이 심하게 땅긴다.
- ☐ 여름철에도 각질이 잘 일어난다.
- ☐ 건조한 계절에는 피부가 많이 가려운 편이다.
- ☐ 피부에 탄력이 부족하고 눈가, 입가에 잔주름이 많은 편
  이다.
- ☐ 메이크업이 쉽게 들뜬다.
- ☐ 눈에 띄는 모공은 거의 없는 편이다.
- ☐ 피부가 푸석하고 건조하다.
- ☐ 눈, 입가가 쉽게 튼다.
- ☐ 피부 톤이 밝고 고른 편이다.
- ☐ 겨울철에 피부가 잘 트는 편이다.

• 복합성 피부 체크리스트 •

- ☐ 유분은 많은데 세안 후에 땅기는 느낌이 있다.
- ☐ T존은 유분이 많다.
- ☐ 볼과 턱 부분은 건조한 느낌이다.
- ☐ 부위에 따라서 피부 톤에 차이가 있다.
- ☐ 스킨으로 닦아내면 피부가 땅기고 영양 크림을 바르면
  지나치게 번들거려 관리가 어렵다.
- ☐ 유독 이마나 코 부위에 트러블이 잘 생긴다.
- ☐ 모공의 크기가 부분적으로 다르다.
- ☐ 피부에 윤기가 없고 칙칙하다.
- ☐ T존 부위만 화장이 잘 지워진다.
- ☐ 얼굴이 부분적으로 번들거린다.

• 중성 피부 체크리스트 •

- ☐ 세안 후 아무것도 바르지 않으면 얼굴이 약간 땅기지만
  시간이 지나면 괜찮다.
- ☐ 기온이나 습도 등 외부 환경에 큰 영향을 받지 않는다.
- ☐ 유수분이 고르게 분포되어 있어 특별히 번들거리거나
  건조한 느낌이 없다.
- ☐ 피부 트러블이나 홍조가 거의 없다.
- ☐ 피부의 탄력도 좋은 편이고 얼굴에 혈색도 좋다.
- ☐ 화장품을 바꿔도 민감하게 반응하지 않는다.
- ☐ 피부가 매끄럽고 나이에 비해 피부 좋다는 소리를 자
  주 듣는다.
- ☐ 모공의 크기가 적당하다.
- ☐ 겨울철엔 땅기고 여름철엔 유분이 있다.
- ☐ 화장이 오래간다.

• 민감성 · 트러블성 피부 체크리스트 •

- ☐ 기온에 민감하며 특히 겨울철에는 홍조가 심하다.
- ☐ 알코올 성분의 토너를 사용하면 얼굴이 화끈거리고 따가움
  이 지속된다.
- ☐ 내적 · 외적 요인에 쉽게 반응하여 트러블이 자주 발생한다.
- ☐ 화장품을 바꾸면 가렵거나 두드러기가 생긴다.
- ☐ 아토피 피부염이 있거나 특정 피부 질환이 있다.
- ☐ 자외선에 단시간 노출되어도 피부가 붉어지거나 하는 등
  반응을 일으킨다.
- ☐ 모공의 크기가 부분적으로 다르다.
- ☐ 얼굴이 자주 붉어진다.
- ☐ 얼굴이 많이 건조하다.
- ☐ 피곤하면 바로 트러블이 생긴다.

• 지성 피부 체크리스트 •

- ☐ 세안 후 아무것도 바르지 않으면 처음엔 약간 땅기다가
  곧 번들거린다.
- ☐ T존 부위가 항상 번들거린다.
- ☐ 여드름성 트러블이 많다.
- ☐ 피부 톤이 전체적으로 어둡다.
- ☐ 유분은 많지만 수분은 부족한 느낌이 든다.
- ☐ 모공이 큰 편이고 T존에는 블랙헤드가 많다.
- ☐ 화장 후 금세 번들거린다.
- ☐ 매트하게 화장을 해도 시간이 지나면 쉽게 지워진다.
- ☐ 화장을 한 후 시간이 흐를수록 피부가 어두워진다.
- ☐ 피부가 두껍고 피지분비가 많다.

피부 타입에 맞는 기초 제품을 선택하라

피부를 이롭게 할 목적으로 태어난 기초 제품은 그 종류도 다양하다. 하지만 언제, 누가, 어떤 제품을, 어떻게 사용해야 하는지 제대로 알고 있는 이들은 그리 많지 않다. 기초 제품을 사용할 때 가장 중요한 것은 자신의 피부 타입을 제대로 알고 목적에 맞는 제품을 선택하는 것. 목적에 맞는 제품을 2~3가지 정도만 선택해 수분에서 유분 순서로 바르면 된다. 유분이 많은 제품을 먼저 바르면 피부에 유분막이 형성되어 다음 제품이 피부에 흡수되지 못한다. 묽은 순서부터 쓰는 게 올바른 방법이므로 스킨 제형—에센스 제형—크림 제형순으로 사용하는 것이 바람직하다. 피부 타입에 꼭 맞는 기초 제품을 선택하고, 정확한 사용법을 숙지하는 것! 그것이야말로 제품이 가진 최대 효과를 얻을 수 있는 방법이며, 메이크업의 첫 단추를 제대로 끼우는 일이다.

보습과 영양공급에 집중해야 하는 건성 피부

하얗게 각질이 일어나고 잔주름이 빠르게 느는 피부, 세안 후 유독 피부가 땅기고 윤기 없이 거친 상태가 지속되는 피부라면 건성 피부로 봐도 좋다. 건성 피부의 경우 아무리 공들여 베이스 메이크업을 해도 기초 단계에서 탄탄한 보습막을 형성하지 못한다면 메이크업이 들뜨기 쉽다. 건조한 피부와의 전쟁에 마침표를 찍어줄 베스트 아이템은 보습과 영양 공급에 충실한 수분 라인 제품이다.

유분 조절에 집중해야 하는 지성 피부

번들거리고 모공이 도드라진 지성 피부는 오염물질이나 먼지 등이 피부에 흡착되기 쉽다. 때문에 피부 트러블이 자주 일어나고 공들인 메이크업이 금

아침
스킨 ⋯ 수분 에센스 ⋯ 로션 ⋯ 자외선 차단제

저녁
스킨 ⋯ 아이 에센스 ⋯ 수분 에센스 ⋯ 로션 ⋯ 밤 or 수분 크림

TIP
일주일에 1~2회 정도 워시 오프 타입의 보습·영양팩을 사용하면 효과적이다.

아침
번들거리는 부위 수렴 화장수, 땅기는 부위 유연 화장수 ⋯ 오일 프리 지성 로션 ⋯ 자외선 차단제

저녁
수렴 화장수 ⋯ 아이 에센스 ⋯ 건조한 부위 수분 에센스 ⋯ 오일 프리 로션 ⋯ 수분 크림

TIP
일주일에 1~2회 정도 스팀 타월로 모공을 열어 딥 클렌징을 하고 2주에 한 번 정도 블랙헤드, 각질을 제거해 관리한다.

방 지워지는 편. 따라서 기초 단계에서 피지 조절을 할 수 있는 제품을 사용하는 것이 좋다. 특히 피부에 유분이 많기 때문에 오일 프리 제품을 선택하는 것은 필수다. 단, 번들거리는 지성 피부에도 수분 공급은 충분히 이루어져야 하므로 수분 제품과 모공 케어 제품을 함께 사용하는 것이 좋다.

T존과 U존 맞춤 관리에 집중해야 하는 복합성 피부

이마와 코 부위는 피지로 번들거리고 전체적으로 땅기는 느낌이 드는 '복합성 피부'는 좀 더 세심한 관리가 필요하다. 이마와 코 주위의 번들거림 때문에 자신이 지성 피부라고 판단하기 쉽지만 거칠고 푸석한 볼과 턱 라인은 수분 공급이 절실한 건성 피부인 경우다. 이런 경우에는 T존과 U존을 각각 맞춤 관리해야 한다. 번들거리는 T존 부위에는 유·수분 조절 제품을 가볍게 발라주고, 땅기는 U존 부위에는 수분 라인의 제품을 사용하면 된다.

자극과 영양 과잉이 독이 되는 민감성·트러블성 피부

스킨 하나만 바꿔도 금세 간질간질해지는 피부, 조금 피곤하거나 신경을 써도 울긋불긋 트러블이 올라오는 피부가 민감성·트러블성 피부다. 이런 피부는 불필요한 관리를 하지 않는 것이 가장 좋다. 피부에 자극이 되는 화학 성분보다는 무알코올, 천연 성분 제품으로 자극 없이 관리하는 것이 바람직하다. 진정·보습에 도움이 되는 알로에베라, 시어버터 등이 함유된 천연 성분 제품을 선택해 진정·보습 관리만 해주는 것이 베스트.

피부 타입별 베스트 화장품

피부 타입	베스트 아이템
건성 피부	키엘 | 울트라 훼이셜 크림 : 24시간 지속되는 놀라운 보습 효과의 수분 크림이다. 빌리프 | 더 트루 크림 모이스처라이징 밤 : 국내외 피부 테스트 결과, 26시간 보습 지속 효과가 입증된 보습 폭탄 크림. 부드럽고 촉촉한 피부로 가꾸어준다.
지성 피부	바이오더마 | 세비엄 마스크 : 피지의 양은 물론, 질을 개선하고 모공의 청결과 탄력에 도움을 주어 매끈한 피부 결을 선사한다. 아이소이 | 불가리안 로즈 포어 타이트닝 컨트롤 세럼 : 커진 모공을 쫀쫀하게 만들어주는 것은 물론, 약해진 모공벽의 기초를 다져줌으로써 잠깐의 눈속임이 아닌 피부의 근원적 힘을 길러준다. 나이트 케어는 물론 메이크업 전에도 부담 없이 사용할 수 있다.
복합성 피부	빌리프 | 뉴메로 10 에센스 : 피부에 수분을 잡아주어 촉촉하게 유지시켜주고 유·수분 밸런스를 맞춰준다. 그레쎄 | 디알셀라이트 펩타이드 토너 : 식물 줄기세포의 우수한 영양 공급이 흐트러진 피부의 유수분 밸런스를 조절해 활력 넘치는 피부로 가꾸어준다.
민감성·트러블성 피부	라네즈 | 워터뱅크 젤 크림 EX : 산뜻한 발림성과 빠른 흡수로 끈적임 없이 하루 종일 촉촉한 피부로 가꾸어주는 젤 타입 수분 크림. 피부 자극을 완화시키고, 달아오른 피부 온도를 내려 과다한 피지 생성을 개선시켜준다. 민감성 트러블 피부에도 사용 가능한 저자극 수분 크림이다. 아베다 | 엑스폴리언트 : 토너 타입의 스크럽 제품. 저녁 때 클렌징을 하고 난 후 토너를 바르고 화장솜에 묻혀 닦아내기만 하면 된다. 천연 살리실산 성분이 피부에 자극 없이 각질을 제거해준다.

Basics 3.
클렌징에 공을 들여라

하얀 도화지에 그림을 그리면 원하는 컬러들이 깨끗하게 표현된다. 반면 얼룩덜룩 지저분한 종이에 그림을 그리면 의도한 것과 다르게 표현되기도 하고 전체적인 그림이 어둡고 칙칙하게 보일 수밖에 없다. 우리 얼굴도 마찬가지다. 클렌징이 말끔하게 되어 있지 않은 피부에 덕지덕지 컬러를 올리는 것은 의미가 없다. 아무리 훌륭한 기술을 가진 메이크업 아티스트가 공들여 작업을 하더라도 마찬가지. 그런 의미에서 클렌징은 메이크업을 지우는 마무리 단계가 아닌, 메이크업을 시작하는 첫 단계라고 할 수 있다. 클렌징에도 기본이 있고, 기술이 필요하다. 무조건 세정력 강한 클렌징 제품으로 여러 번 세안한다고 해서 메이크업이 말끔히 지워질 거라는 착각은 이제 그만. 메이크업에 따라, 피부 타입에 따라 클렌징도 바뀌어야 한다.

피부 타입에 따른 클렌징

건성 피부 클렌징

세정력에 초점을 맞춘 제품보다는 보습에 도움을 주는 오일이나 크림, 로션 타입의 클렌징 제품으로 부드럽게 마사지하는 것이 좋다. 폼 클렌징은 세정력은 우수하지만 피부의 수분막까지 벗겨내기 때문에 건조함이 심해질 수 있다.

◀ 슈에무라 | 클래식 클렌징 오일
유·수분 밸런스를 맞춰주어 피부에 촉촉함과 부드러움을 주면서 세정력도 좋은 편이다. 물로 쉽게 헹궈낼 수 있는 수용성 오일로 클렌징 후 끈적임이나 오일감이 느껴지지 않는다.

지성 피부 클렌징

오염물질에 의해 발생할 수 있는 트러블을 최대한 줄이기 위해 꼼꼼한 클렌징을 습관화하는 것이 중요하다. 이중 세안으로 청결한 피부 상태를 유지하는 게 좋은데, 세안 브러시를 사용하면 모공을 말끔하게 관리할 수 있어 더욱 효과적이다. 마지막 헹굴 때는 반드시 찬물을 사용해 모공을 수축시키는 것이 중요하다.

◀ 랑콤 | 블랑 엑스퍼트 화이트닝 클렌징 폼
피부 잔여물을 깨끗하게 씻어주는 폼 타입의 클렌징 제품. 피부 표면에 축적된 노폐물들을 제거하는 데 효과적이라 지성 피부에 적합하다. 식물 추출물이 함유되어 있는 저자극성 클렌징 폼이다.

복합성 피부 클렌징

저녁 세안은 건성 피부의 클렌징 방법과 같이 오일이나 크림, 로션 타입 클렌저로 부드럽게 마사지한다. 아침에는 미지근한 물로 깨끗하게 헹궈내는 정도로 세안하고 마무리는 찬물로 모공을 닫아주면 된다.

◀ 숨 | 숨 37도 스킨세이버 에센셜 클렌징 로션
플루이드 타입으로 우유의 부드러움, 물의 산뜻함, 오일의 촉촉함을 결합시킨 제품. 피부의 각종 노폐물을 제거할 뿐만 아니라 신선하고 가벼운 감촉과 롤링감으로 피부를 진정시켜주며 유·수분 밸런스를 유지시켜 준다.

민감성·트러블성 피부 클렌징

민감성·트러블성 피부는 클렌징 제품 선택에도 주의해야 한다. 물로 씻어내는 제품이라 피부에 자극을 주지 않을 것 같지만 알코올이나 파라벤, 계면활성제 등의 화학 성분이 포함되어 있으면 자극이 된다. 천연 성분 클렌징 제품을 선택해 부드럽게 닦아내거나 헹궈내는 것이 가장 좋다.

무알코올, 무파라벤, 무계면활성제의 천연 클렌징 에센스다. 화장솜에 제품을 묻혀 피부 결대로 가볍게 닦아낸 후 미지근한 물로 세안하기만 하면 된다. 세정력이 뛰어나지만 천연 성분이라 피부에 자극이 없고 에센스 기능이 포함되어 세정 후에도 보습력이 뛰어나다. 미백, 주름에도 효과가 있는 기능성 클렌징 제품이다.

제품 타입에 따른 클렌징

립 제품

색조 화장을 제대로 지우지 않으면 착색되어 입술 색이 변하거나 부분적으로 얼룩질 수 있다. 반드시 립&아이 리무버를 이용해 입술 주름 사이사이를 말끔하게 지워내도록 한다. 화장솜에 전용 리무버를 묻혀 입술에 잠시 올려둔 후 가볍게 닦아낸다.

마스카라

물로도 말끔하게 지워지는 마스카라가 있지만 워터프루프 기능의 마스카라는 대부분 클렌징이 쉽지 않다. 깨끗하게 지워내지 않으면 눈가에 착색되어 다크서클이 생길 수도 있으니 반드시 말끔하게 지워내야 한다. 두 개의 화장솜에 립&아이 리무버를 적신다. 한 개의 솜을 눈 밑에 대고 눈을 감은 다음, 다른 한 개의 솜으로 속눈썹을 쓸어내리며 부드럽게 닦아낸다.

아이라이너

아이라이너 역시 워터프루프 기능 때문에 물만으로는 깨끗하게 지워지지 않는 경우가 많다. 마스카라를 지우는 과정에서 어느 정도 아이라이너가 지워지기는 하지만 말끔하게 지워진 상태가 아닐 수 있다. 면봉에 립&아이 리무버를 묻혀 속눈썹 사이사이를 부드럽게 닦아내면 말끔하게 아이라인을 지울 수 있다.

유분이 있는 비비 크림

흔히 비비 크림은 색조 제품이 아니라고 오해하는 사람들이 많다. 하지만 비비 크림 역시 깨끗하게 지워내지 않으면 피부에 착색되어 피부 톤이 변할 수 있는 색조 제품이다. 뿐만 아니라 커버력과 보습력에 초점이 맞춰져 있는 경우가 많기 때문에 파운데이션에 비해 유분이 훨씬 많다. 클렌징 오일이나 클렌징 에센스로 부드럽게 지워내고 클렌징 폼으로 가볍게 이중세안 하는 것이 좋다.

Basics 4.
브랜드보다 가장 어울리는 톤을 찾아라

'파운데이션은 어느 브랜드가 좋아요?'
주변 사람들에게 참 자주 듣는 질문이다. 그럴 때마다 그 사람의 피부 톤을 보고 적당한 제품을 추천해주지만 사람들은 정작 자신의 피부가 어떤 톤인지는 기억하지 못한다. 브랜드만 기억할 뿐. 자신의 피부 톤을 아는 것은 피부 타입을 아는 것만큼 중요하다. 컬러를 사용하는 모든 메이크업에 피부 톤에 따라 사용해야 하는 컬러 톤도 달라지기 때문이다. 같은 핑크라 하더라도 창백한 핑크는 하얀 피부 톤에 사용하면 핏기가 없어 보여 사용을 자제하는 편이다. 반면 붉은 기 도는 핑크는 홍조를 더욱 부각시키기 때문에 홍조 띤 피부에는 사용하지 않는다. 만약 자신의 피부 톤을 제대로 모른다면 이렇게 잘못된 컬러 선택을 할 수밖에 없다. 결국 완성도 높은 메이크업은 하기가 어려운 것이다. 메이크업의 완성도를 높이기 위해 반드시 알아야 할 것은 브랜드보다 자신의 피부 톤이라는 것을 꼭 기억하자.

피부 톤에 따른 파운데이션 컬러 선택 요령

화사한 베이지 컬러가 어울리는 하얀 피부

어두운 컬러를 제외하고 어떤 컬러나 어울릴 것 같은 하얀 피부. 하지만 너무 밝은 컬러의 파운데이션을 선택하면 메이크업이 들떠 보일 수 있다. 화사한 베이지 컬러를 선택하면 차분하면서도 쫀쫀하게 밀착된 피부를 표현할 수 있다.

연한 핑크빛이 감도는 파운데이션이 어울리는 노란 피부

노란 피부에 일반 베이지색 파운데이션을 사용하면 칙칙해 보일 수 있다. 연한 핑크빛이 감도는 컬러를 선택하면 화사하면서도 건강한 피부 표현을 할 수 있다. 손등이 아닌, 목 부위에 파운데이션을 바르고 가장 근접한 컬러를 테스트해볼 것.

옐로우 베이지 컬러를 선택해야 하는 붉은 피부

노란빛이 도는 베이지 컬러의 파운데이션은 피부의 홍조를 커버해 차분한 톤으로 만들어준다. 홍조를 완벽하게 커버할 수 있는 옐로우 베이지 컬러를 찾기 어렵다면 파운데이션에 옐로우 또는 그린 메이크업 베이스를 믹스해 사용해도 좋다.

피치빛이 감도는 내추럴 베이지가 어울리는 어두운 피부

피부가 어둡다고 지나치게 진한 컬러를 선택하면 나이 들어 보이는 메이크업이 될 수 있다. 또 시간이 지나면서 붉은 톤이 올라와 메이크업이 어색해지고 컬러 조화를 망칠 수 있다. 연한 피치빛이 감도는 자연스러운 베이지 컬러를 선택하면 건강해 보이는 피부를 연출할 수 있다.

피부 톤에 꼭 맞는 블러셔 컬러 선택하기

맑고 연한 핑크 블러셔가 어울리는 하얀 피부

하얀 피부 톤은 블러셔가 가진 컬러가 그대로 발색되기 때문에 진한 컬러는

◀슈에무라 | 더 라이트벌브 플루이드 파운데이션 '774'
가볍게 밀착되고 번들거리지 않으며 커버력도 뛰어나다. 얇고 고르게 펴 바를 수 있어 메이크업이 들떠 보이지 않는다.

◀디올 | 디올 스킨 스컬프트 '12'
3차원 작용으로 얼굴을 조각하듯 가꾸어주는 신개념 파운데이션. 탄력을 증가시켜 윤기 나고 고른 피부 톤으로 만들어준다.

◀겔랑 | 파루르 드 뤼미에르 파운데이션 '31'
가벼운 포뮬라가 피부에 수분을 공급하여 바르는 즉시 스며들어 하루 종일 촉촉하고 환한 피부를 선사한다.

◀시세이도 | UV 프로텍티브 리퀴드 파운데이션 '라이트 오커'
메이크업이 오래 지속되며 자연스러운 마무리를 선사한다. 프레시한 촉감과 촉촉한 텍스처가 부드러운 사용감을 준다.

피하는 것이 좋다. 생기를 더할 수 있을 정도의 연한 핑크 컬러면 충분하다. 육안으로 확인이 잘 안 될 정도의 미세한 펄 입자가 포함된 맑고 연한 핑크 블러셔는 피부를 화사하고 생기 있게 만들어준다.

살굿빛 도는 핑크 블러셔가 어울리는 노란 피부

옐로우 톤의 피부는 자칫 피곤해 보이거나 칙칙해 보이기 쉽다. 때문에 화사한 느낌을 더할 수 있는 핑크 컬러의 블러셔를 선택하는 것이 좋다. 어두운 핑크 톤이나 너무 밝은 핑크 톤보다 살구빛이 약하게 도는 화사한 핑크를 선택하면 된다.

화이트 톤이 감도는 베이비 핑크 블러셔가 어울리는 붉은 피부

화사한 베이비 핑크 컬러는 얼굴의 홍조를 약화시켜 자연스러운 치크 메이크업을 완성한다. 화이트 톤이 감도는 베이비 핑크 컬러는 붉은 기를 완화시켜 자연스러운 홍조를 연출하고 화사함을 더할 수 있는 최고의 컬러다.

미세한 펄이 가미된 브라운 블러셔가 어울리는 어두운 피부

어두운 피부 톤에 붉은 기가 도는 블러셔는 반드시 피해야 한다. 어두운 피부 톤을 그대로 살리면서 윤곽을 다듬고 글래머러스한 느낌을 줄 수 있도록 미세한 펄이 가미된 브라운 톤의 블러셔를 사용하면 효과적이다.

Basics 5
얼굴형과 이미지를 고려해 눈썹을 디자인하라

눈썹의 형태에 따라 인상이 크게 좌우된다. 차갑고 독해 보이는 인상도 눈썹 산의 각도를 완만하게 다듬으면 놀라울 정도로 선한 인상이 된다. 반면 깔끔하게 정리되지 않은 눈썹은 전체적인 이미지를 고지식하고 답답하게 만들 수 있다. 최근에는 어려 보이는 인상을 만드는 일자 형태의 눈썹이 핫 트렌드. 하지만 누구나 일자 형태의 눈썹이 어울리는 것은 아니다. 눈썹의 형태는 추구하는 이미지에 따라서 달라져야 하고 무엇보다 얼굴형에 따라 다르게 디자인해야 한다. 트렌드에 따라 어울리지 않는 눈썹을 고집하는 것보다 자신에게 최적화된 디자인의 눈썹을 찾아내는 것이 훨씬 더 아름다워질 수 있는 비결이다.

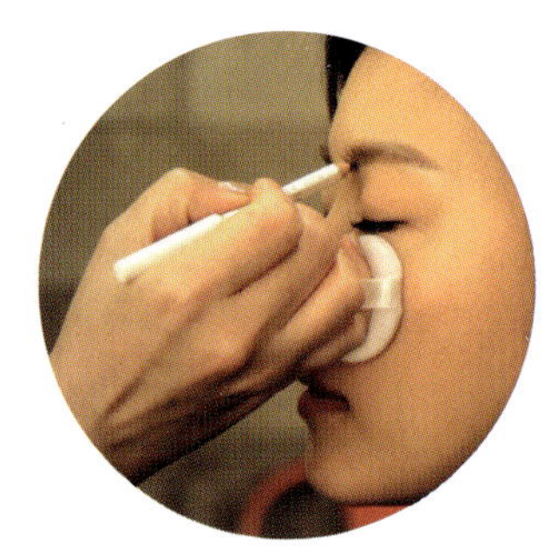

표준형 눈썹 그리는 방법

일반적으로 가장 많이 그리는 눈썹 형태를 표준형 눈썹이라고 한다. 표준형 눈썹은 어떤 얼굴형에나 무난하게 잘 어울린다. 눈썹 꼬리 부분의 각을 약간만 살려줘 너무 날카롭지 않은 인상을 주는 것이 기본이다. 표준형 눈썹 그리는 법을 제대로 익혀두면 얼굴형에 맞는 눈썹 형태를 그리는 데 훨씬 도움이 된다.

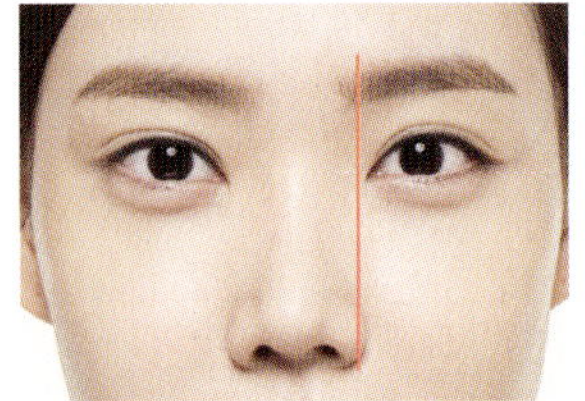

❶ 눈썹의 시작점을 콧방울에서 수직으로 올라간 지점에 잡는다.

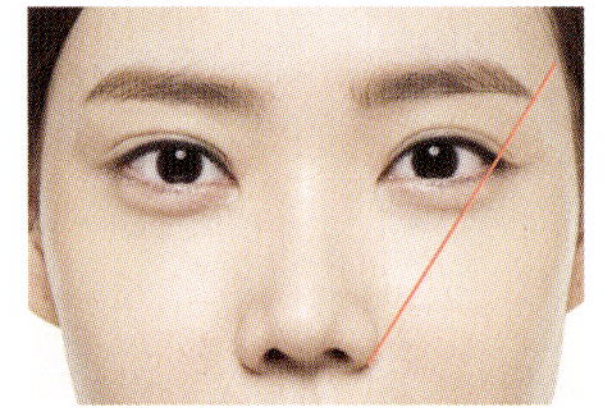

❷ 눈썹의 끝 부분은 콧방울에서 눈꼬리를 지나는 지점에 표시해둔다.

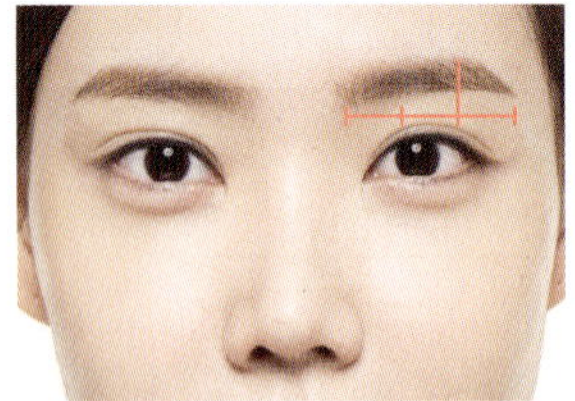

❸ 눈썹에서 가장 올라오는 지점을 눈썹 산이라고 한다. 눈썹 산은 전체 눈썹 길이의 3분의 2 지점으로 잡는다. 이 부분을 가장 진하게 그려야 한다.

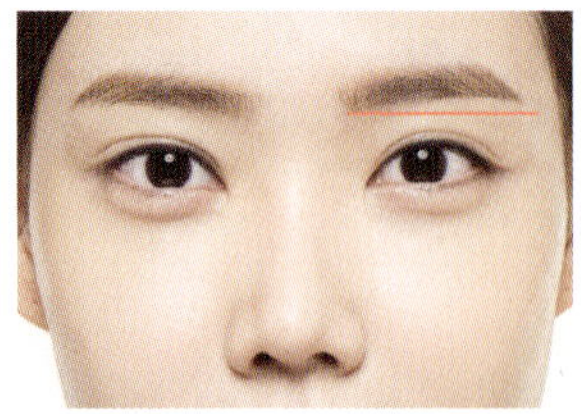

❹ 눈썹의 시작점보다 눈썹 꼬리 부분이 처지지 않게 그린다.

달걀형 얼굴

달걀형의 얼굴은 기본적으로 어떤 형태의 눈썹도 자연스럽게 소화해낸다. 여성스러운 이미지를 원한다면 눈썹 산을 살짝 둥글게 다듬으면 되고, 무난한 얼굴을 만들고 싶다면 일자 형태에서 눈썹 꼬리 부분에 각을 준 표준형 눈썹을 표현하면 된다.

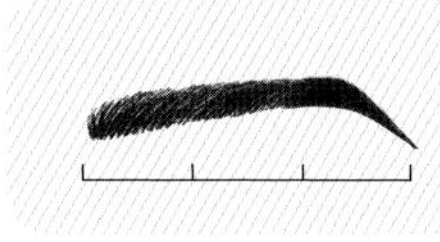

둥근 얼굴

얼굴에 살이 많고 동그란 형태의 얼굴이라면 어려 보일 수는 있지만 자칫 밋밋한 인상을 줄 수 있다. 눈썹 산을 표준형보다 조금 더 각지게 표현하면 샤프한 인상으로 보일 수 있다. 얼굴에 살이 많고 얼굴도 큰 편이라면 눈썹을 조금 도톰하게 그리는 것이 밸런스를 맞출 수 있는 방법이다.

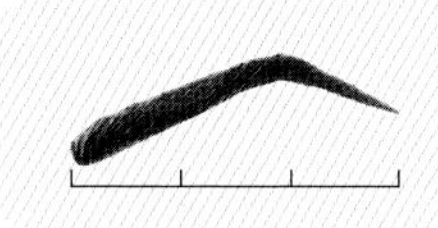

각진 얼굴

각진 얼굴형은 인상이 강해 보일 수 있다. 부드러운 인상을 만들기 좋은 눈썹은 완만한 곡선을 그리는 아치형의 눈썹이다. 부드러운 아치형의 눈썹은 각진 얼굴을 보완해 여성스럽고 우아한 느낌을 준다. 이때 눈썹을 조금 도톰하게 그리면 인상이 훨씬 더 부드러워질 수 있다.

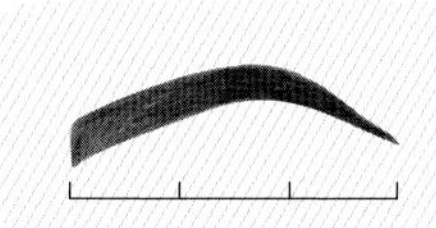

역삼각형 얼굴

턱 끝이 뾰족해 날카로운 인상을 줄 수 있는 역삼각형 얼굴에는 각도를 부드럽게 조절한 아치형 눈썹이 잘 어울린다. 각진 얼굴에 그린 완만한 곡선보다는 커브를 더 준 아치형의 눈썹이 좋다. 눈썹 길이의 중앙 부분에 눈썹 산이 올 수 있도록 조절해서 그리면 된다. 동글동글 귀여운 느낌을 주는 눈썹이 날카로운 인상을 한층 매끄럽게 만들어준다.

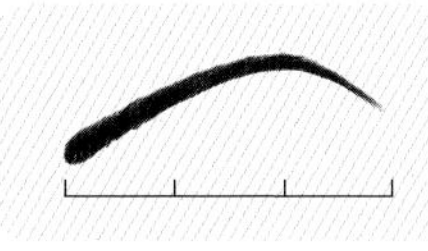

긴 얼굴

긴 얼굴형은 가로로 시선을 분산시켜주는 것이 필요하다. 일자형 눈썹으로

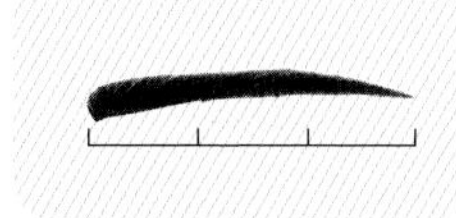

얼굴의 가로에 시선이 집중되도록 한다. 두께는 너무 얇지 않고 적당히 도톰
한 형태를 유지하는 것이 훨씬 더 어려 보인다. 눈썹 꼬리나 눈썹 앞머리가
처지면 우울한 인상이 될 수 있으니 일자 형태를 잘 유지하도록 위치를 미리
정해두면 좋다.

Basics 6
화장품의 유통기한을 살펴라

유통기한이 지난 음식을 잘못 먹으면 탈이 난다. 얼굴에 바르는 화장품 역시
유통기한이 지난 제품을 잘못 사용하면 피부에 독이 될 수 있다. 화장품은 피
부가 먹는 음식이라고 생각하자. 직접 먹는 것과 피부에 바르는 것은 그만큼
관리를 철저히 해야 한다는 것. 제품의 유통기한은 저마다 약간씩 차이가 있
다. 어떤 성분의 제품인지, 어떤 장소에서 보관했는지에 따라 차이가 있기
때문. 직사광선이 들지 않고 온도 변화가 심하지 않은 상온에서 보관하는 것
이 바람직하다.

제품의 종류	개봉 전 유통기한	개봉 후 유통기한	보관법과 사용 시 주의사항
클렌저	3년	1년~1년 6개월	크림 타입의 경우 오염되기 쉬우니 전용 스파츌라를 사용하는 것이 좋다. 욕실에서 사용하는 폼 클렌저의 경우 뚜껑이 오염되지 않도록 가끔 씻어주는 것이 좋다.
마스크 &팩	3년	3년	냉장 보관이 가능하기 때문에 냉장고에 보관하면서 필요할 때 꺼내서 사용한다. 꺼내둔 제품을 장기간 상온에 두면 쉽게 변질될 수 있으니 주의해야 한다.
스킨	3년	1년	서늘한 곳에 보관하고 화장솜에 쓸 양만 덜어서 사용한다. 유통기한이 경과하지 않았어도 부유물이 뜨거나 향과 색이 변했다면 사용하지 않는다.
로션	2년	1년	깨끗한 손에 덜어서 사용하고 사용 후에는 뚜껑을 잘 닫아 공기 노출을 최한한 줄이는 것이 좋다.

제품			사용법 및 보관법
에센스	2~3년	8~10개월	제품을 덜어 쓸 때 스포이드나 펌핑 용기 입구가 피부에 직접 닿지 않도록 주의해서 사용하면 좋다. 에센스는 직사광선에 취약한 비타민 성분들이 포함되어 있기 때문에 그늘진 곳에서 보관하는 것이 좋다.
크림	2~3년	1년	입구가 넓은 용기는 손으로 찍어서 사용하지 말고 반드시 스파츌라를 이용해 덜어서 사용한다. 만약 용량이 큰 제품이라면 적당량을 용기에 덜어서 사용하는 것도 좋다.
자외선 차단제	2년	4개월~1년	자외선 차단제는 사용기간이 늘면서 자외선 차단지수가 떨어질 수 있다. 오염되어 제형이 변한 상태가 아니더라도 사용기간은 1년이 넘지 않도록 해야 한다.
메이크업 베이스	3년	1년	기온의 변화가 심한 곳에 두지 않는다. 유통기한 내에 변질되는 경우는 거의 없지만 층이 분리되어 유분이 위로 뜨거나 향이 변했을 경우 사용하지 않는다.
파운데이션	2년	1년	기온의 변화가 심한 곳에 두지 않는다. 유통기한 내에 변질되는 경우는 거의 없지만 층이 분리되어 유분이 위로 뜨거나 향이 변했을 경우 사용하지 않는다. 크림 파운데이션은 스파츌라를 이용한다.
파우더	5년	3년	피부의 유분이 묻은 분첩으로 인해 오염될 수 있다. 분첩은 최대한 자주 빨아 깨끗한 상태로 사용해야 한다.
팩트	3년	2~3년	피부의 유분이 묻은 분첩으로 인해 오염될 수 있다. 분첩은 최대한 자주 빨아 깨끗한 상태로 사용해야 한다. 수분이 많은 쿠션 팩트의 경우 유통기한이 일반 팩트에 비해 짧아질 수 있다.
아이섀도& 블러셔	3년	1년	오래된 제품은 피부 트러블을 유발할 수 있으니 주의하는 것이 좋다. 특히 섀도와 블러셔는 육안으로 봤을 때 사용기한 경과를 잘 알 수 없으므로 제품 밑면에 표시를 해두어 기간이 경과한 제품은 쓰지 않는 것이 좋다.
마스카라& 아이라이너	2년	6개월	점막이나 눈가에 닿는 제품이기 때문에 유통기한에 특히 신경써야 한다. 마스카라에 스킨을 섞어 쓰는 경우가 종종 있는데, 스킨을 섞어 쓰면 제품의 변질이 훨씬 더 빨라질 수 있으니 금해야 한다.
립스틱	2년 6개월	6개월~18개월	입술에 닿는 부분이고 입 안으로 들어갈 수 있는 제품이기에 유통기한을 준수하는 것이 좋다. 직사광선을 피하고 사용하지 않을 때에는 꼭 뚜껑을 닫아 보관하는 것이 좋다.
립글로스	1년	6개월	입술 위에 직접 용기를 대고 바르게 되면 오염이 더 빨리 될 수 있으니 튜브형은 립 브러시에 묻혀 사용하고 팁 형태는 사용 후 티슈로 한 번 닦아 용기에 넣어둔다.

메이크업에 필요한 도구를 구비하라

똑같은 컬러의 제품을 사용해도 메이크업을 하는 사람에 따라 컬러 표현의 결과는 천차만별. 보통 컬러의 표현 기법, 제품의 사용량, 피부 톤에 따라 달라지지만 어떤 도구를 활용하느냐에 따라 달라지기도 한다. 최고의 기술을 가진 셰프가 똑같은 조리대에서 작업을 해도 어떤 재료와 도구를 가지고 요리하느냐에 따라 음식의 맛은 달라질 수밖에 없다. 물론 소개하는 모든 도구를 소장하고 활용해야 할 필요는 없지만, 자신에게 꼭 필요한 도구를 고르는 노하우나 방법쯤은 알고 있는 게 좋다. 메이크업을 좀 더 쉽게, 잘할 수 있는 비결이 될 것이다.

다양한 메이크업 도구들

아이섀도 브러시

아이섀도의 색을 선명하고 고르게 펴 바를 수 있고 자연스러운 그라데이션도 가능하게 하는 도구. 일반적으로 넓은 브러시는 베이스 컬러용으로, 좁은 브러시는 포인트 컬러용으로 사용한다. 중간 정도의 브러시는 좁은 면적에서부터 블렌딩하는 용도로 사용하는데, 모양이 둥근 브러시가 아이홀까지 고르게 펴 바르는 데 용이하다.

팁 브러시

섀도의 밀착력과 발색력을 높이기 위해 사용한다. 입자를 잘 잡아주는 팁 브러시는 초보자들이 사용하기에도 쉽다. 보들보들한 스펀지 재질로 탄성이 좋고 섀도가 잘 묻어나는 제품을 고르는 것이 좋다. 팁 고정 부위가 힘을 잘 받는 제품을 골라야 사용 시 획획 꺾이지 않는다.

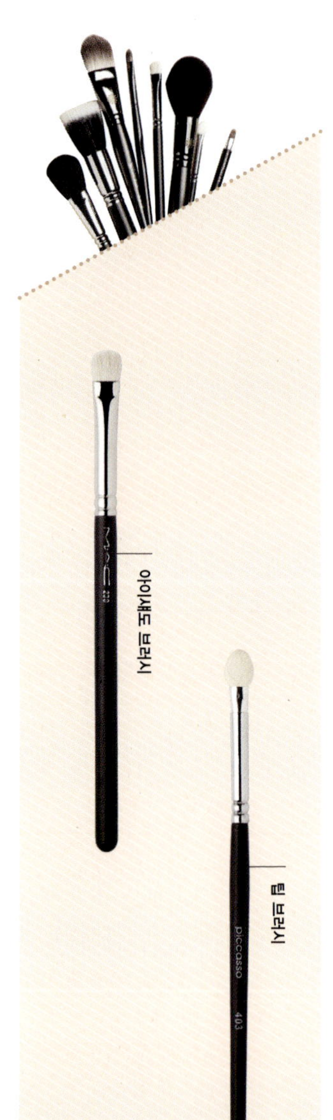

파운데이션 브러시

파운데이션, 비비 크림 등 베이스를 뭉침 없이 피부에 펴 바르기 위해 사용하는 브러시. 탄력이 좋으면서 납작한 것이 좋고, 리퀴드나 크림 타입을 많이 사용하기 때문에 관리가 어려운 천연모보다는 인조모가 활용도가 높다. 모가 너무 짧거나 두껍거나 강한 탄성의 브러시는 선택하지 않는다.

컨실러 브러시

피부의 작은 잡티 혹은 파운데이션으로 커버가 안 된 부분을 좀 더 세밀하게 커버할 때 사용하는 브러시. 전용 컨실러를 묻혀 사용하는데, 기본적으로 탄력이 있어야 한다. 컨실러를 고르게 펴 바를 수 있는 1~1.5cm 정도 길이의 납작한 브러시를 고르는 것이 좋다. 만약 기미, 주근깨 등 커버할 부분이 넓은 경우에는 길고 넓은 브러시를 고른다.

파우더 브러시

브러시 중 가장 크고 부드러운 브러시로 자연스럽게 파우더를 피부에 밀착시키며 깨끗하고 투명한 피부로 완성할 수 있게 해준다. 숱이 많고 둥글며 얼굴 전체에 펴 바를 수 있도록 넓적한 것을 고르도록 한다. 피부에 와 닿는 촉감이 부드럽고 자극 없는 것을 선택하는 것은 필수다.

아이라이너 브러시

아주 얇고 납작한 브러시로 또렷하고 섬세한 라인을 그릴 때 사용한다. 브러시의 끝이 날렵해야 속눈썹 사이사이를 꼼꼼하게 채울 수 있으니 브러시의 끝부분을 잘 확인하는 것이 좋다. 속눈썹과 점막에 직접 닿는 브러시이기 때문에 자주 세척해서 써야 한다. 천연모보다는 인조모를 선택하는 것이 좋다. 아이라인 제품을 묻혔을 때 붓끝이 납작하게 잘 뭉치고 탄성이 좋은 브러시를 골라야 한다.

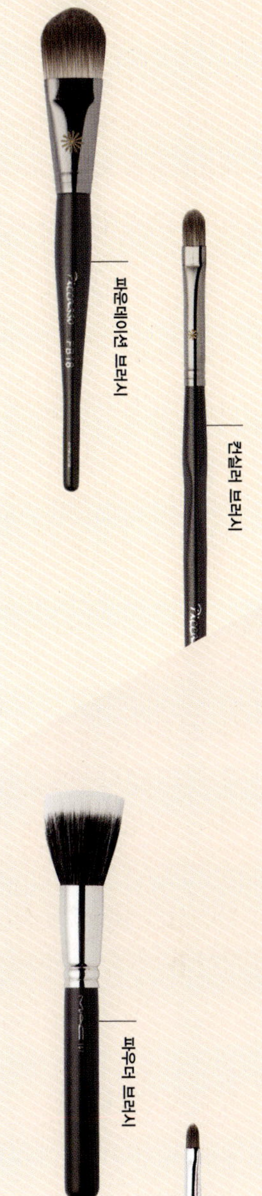

아이브로우 브러시

눈썹을 그릴 때 쓰는 브러시로 눈썹의 형태와 방향을 정리한다. 모의 끝 부분이 사선으로 커팅되어 있는 제품이 눈썹의 끝선을 표현하기에 용이하다. 탄성이 있으면서도 부드러운 모가 촘촘히 모여 있는 브러시를 선택할 것.

셰이딩 브러시

전체적인 얼굴의 윤곽을 잡아줄 때 사용하는데 모가 풍성하고 부드러워 얼굴을 부드럽게 감싸면서도 단단한 느낌이 있어야 한다. 초보자의 경우 너무 작은 브러시를 사용하면 얼룩이 생길 수 있으니 4~5cm 정도 폭의 큰 브러시를 사용해 연하게 색감을 조절해 사용하는 것이 바람직하다. 얼굴에 닿는 촉감이 부드러운 양모 브러시를 사용하는 것이 좋다.

블러셔 브러시

볼에서 둥글리듯이 블러셔를 발라 원하는 컬러를 표현해야 하는 블러셔 브러시는 균일한 단면과 부드러운 촉감이 생명이다. 모들이 한가운데로 갈수록 빽빽이 모여 있는 제품이 치크 메이크업을 보다 아름답게 표현해준다. 모질이 부드러운 양모 브러시를 선택하는 것이 좋고 폭은 3~3.5cm 정도가 적당하다.

하이라이터 브러시

얼굴에 입체감을 주기 위해 주로 T존이나 U존에 하이라이터 제품을 묻혀 얼굴에 톡톡 두드리듯 발라주는데, 하이라이터 제품이 뭉치지 않고 자연스럽게 발리도록 가벼운 질감의 부드러운 모를 고른다.

스크류 브러시

마스카라 브러시처럼 생긴 나선형의 모양을 한 브러시. 뭉친 마스카라를 풀어낼 때나 눈썹의 결을 정리하는 용도로 사용된다. 스크류가 촘촘하고 너무 억세지 않은 것이 좋다.

립 브러시

입술의 윤곽을 표현하고 촘촘하게 색을 채워주어 색감을 정확히 펴 바를 때 사용하는 브러시. 납작하고 넓은 브러시와 끝이 뾰족한 브러시 등 용도에 따라 갖추는 것이 좋다. 탄력이 좋아야 립스틱을 바를 때 밀착력 있게 바를 수 있다.

뷰러

속눈썹을 컬링해주는 제품으로 눈에 밀착될수록 정확하고 자연스러운 컬링이 가능하다. 슈에무라나 시세이도 뷰러가 눈에 가장 밀착되는 대표적인 제품이다.

나이프

눈썹 산을 정리하거나 눈두덩의 지저분한 눈썹을 정리할 때 사용하는 눈썹칼. 예민한 눈가 부위이기 때문에 나이프의 날이 고르고 매끄러운 것을 골라 자극을 줄이는 것이 좋다.

가위

눈썹 정리나 인조 속눈썹을 커팅할 때 사용. 가위 날의 끝이 벌어지지 않고 모아져 밀착되어 있는 제품을 고른다. 사람의 얼굴은 평면이 아니므로 가위의 끝이 살짝 올라간 것이 안전하고 정교하게 사용할 수 있다.

족집게(트위저)

눈썹 정리 및 인조 속눈썹을 붙일 때 사용. 족집게의 끝이 정확히 맞물려 있고 적당한 탄력이 있어 오래 사용해도 손에 무리가 없는 제품을 선택한다. 피카소 브러시의 휴 그레이 제품이 사용감이 좋은 편이다.

스파츌러

파운데이션, 로션, 크림 등의 제품을 덜어 쓸 때 사용한다. 짧을수록 손에 힘이 잘 실려 편하다.

스펀지

베이스, 파운데이션을 바를 때 손쉽게 사용할 수 있다. 보송보송하고 매트한 피부 표현이 가능하며, 커버력과 밀착력을 높이기 위해 주로 사용한다. 스펀지는 흐물흐물한 타입보다는 탄력 있고 쫀쫀한 타입으로 고르는 것이 파운데이션을 바르고 두드렸을 때 훨씬 더 밀착력이 높아진다. 라텍스 재질은 화장품의 유수분을 흡수하여 지속력을 높여주고 그라데이션이 용이하도록 제작되어 가장 많이 사용되는 스펀지 종류다. 천연 고무 재질은 트러블을 최소화하고, 폴리우레탄 재질은 물에 적셔서 사용할 때 부드러운 사용감으로 피부에 수분을 공급하는 것이 특징이다.

퍼프

벨벳 타입 퍼프는 루스 파우더 등 고운 입자의 가루 파우더를 사용하는 데에 적합하다. 면 퍼프는 땀과 유분 흡수에 강해 보송보송한 피부를 연출하기에 좋다. 에어 타입 퍼프는 쿠션 안에 공기층이 존재하여 들뜨거나 뭉침 없이 파우더가 밀착되는 특징이 있다. 파우더를 바를 때에는 퍼프로 누르듯이 발라주는 것이 좋은데 피부에 직접적으로 닿기 때문에 최대한 자극 없고 부드러운 사용감의 제품을 고르는 것이 좋다.

족집게

스파츌러

스펀지

퍼프

피부 트러블의 주범! 메이크업 도구 관리법

메이크업 도구의 사용법만큼이나 중요한 것이 바로 청결한 관리법. 제대로 관리하지 못하면 각종 피부 트러블을 유발하는 세균의 온상이 된다. 도구별 세척법과 세척주기를 잘 알아둔다면 메이크업 도구를 깔끔하게 관리할 수 있다.

천연모 브러시

파우더 브러시, 블러셔 브러시, 아이섀도 브러시 등 가루 타입의 제품을 사용할 때 주로 활용되는 천연모 브러시는 2주에 한 번 정도 세척하는 것이 적당하다. 머리카락을 관리하듯이 클렌징을 해주면 된다. 브러시 전용 클렌저를 이용하는 것이 가장 좋지만 샴푸와 린스 등으로 대체할 수 있다.

인조모 브러시

크림 섀도, 젤 라이너, 컨실러, 파운데이션, 립스틱 등 유분이 들어 있는 제품에 사용되는 브러시나 스펀지 팁은 천연모보다 자주 세척해야 한다. 대부분의 인조모 브러시는 매일 세척하는 것이 바람직하지만 여의치 않다면 3일 ~일주일에 한 번은 꼭 세척해야 한다. 특히 립스틱을 바르는 립 브러시는 세균의 온상이 될 수 있기 때문에 사용 직후 티슈로 닦아내야 한다. 유분이 많은 제품, 특히 워터프루프 제품은 폼 클렌저나 주방세제를 이용하면 말끔하게 세척할 수 있다.

면 퍼프

면 퍼프는 수분이 없는 파우더를 바르는 도구라 관리에 소홀해지기 쉽지만 피부의 유분을 잡아내는 용도로 사용되기 때문에 세심한 관리가 필요하다. 피부에 유분이 많다면 3일에 한 번, 건성 피부라면 일주일에 한 번 정도 세척하는 것이 바람직하다. 전용 클렌저로 세척하거나 폼 클렌저나 주방세제를 사용해도 된다.

브러시가 잠길 정도의 미지근한 물에 브러시 전용 클렌저나 샴푸를 푼다. 브러시를 담가 흔들거나 적당한 힘으로 꾹꾹 눌러가며 메이크업 잔여물을 녹여낸다. 잔여물이 나오지 않을 때까지 흐르는 물에 깨끗하게 헹군다. 샴푸를 이용한다면 마지막에 린스로 가볍게 헹궈낸다. 타월로 감싸 물기를 제거하고 털끝을 잘 모아 옆으로 눕히거나 털끝을 아래로 향하게 해 그늘에서 말린다.

폼 클렌저나 주방세제를 50원짜리 동전 크기 정도로 손바닥에 덜어 놓는다. 물에 적신 브러시를 손바닥에서 꾹꾹 누르고 문질러 메이크업 잔여물을 녹여낸다. 충분히 거품이 나면 흐르는 물에 잔여물을 씻어내고 마지막에 린스로 헹궈낸다. 린스가 모에 남아 있지 않도록 깨끗하게 헹궈내는 것이 중요하다. 브러시의 결을 가지런히 해서 통풍이 잘 되는 그늘에서 건조한다.

미지근한 물에 퍼프를 충분히 적셔둔다. 적당량의 폼 클렌저나 주방세제를 면 퍼프에 묻힌다. 양 손으로 퍼프를 잡고 엄지만 이용해 세제를 펼쳐가며 오염된 부분을 씻어낸다. 어느 정도 거품이 나면 살살 주무르고 비벼가며 세척한다. 이때 과도하게 주무르거나 비비면 퍼프가 뭉치거나 보풀이 생길 수 있으니 주의한다. 흐르는 미온수에서 맑은 물이 나올 때까지 거품을 없앤다. 마른 타월을 이용해 퍼프를 감싸 팡팡 두드려 물기를 없앤 후 통풍이 잘 되는 그늘에서 말린다.

스펀지

흔히 사용하는 라텍스는 주요 용도가 파운데이션을 밀착시키는 것이다. 유분과 수분이 있는 파운데이션이 스펀지 속으로 흡수되기 때문에 세균이 가장 잘 생기는 도구. 말끔하게 세척해서 사용하면 좋지만 내구성이 약하기 때문에 빨아 쓰는 것은 두 번 정도만 가능하다. 만약 세척하지 않고 사용하고 싶다면 얼룩진 단면만 알코올 소독한 가위로 잘라내면서 사용해도 된다.

뷰러

섀도와 마스카라, 아이라이너 찌꺼기가 덕지덕지 붙어 있는 뷰러는 컬링을 할 때 속눈썹을 뽑아내거나 눈의 건강을 해칠 수 있으니 반드시 세척해 사용해야 한다. 메이크업 도구 중 세균이 가장 잘 번식할 수 있는 도구 중 하나지만 의외로 뷰러를 세척하는 이들은 많지 않다. 적어도 일주일에 한 번 정도는 깨끗하게 세척해야 눈과 속눈썹 건강을 지킬 수 있다.

"메이크업 아티스트의
파우치에는 뭐가 들어 있어요?"

매체나 지인들로부터 꽤 자주 듣는 질문이다. 콕 집어 얘기하자면, 메이크업 아티스트인 내가 실제 어떤 아이템을 사용하는지, 메이크업의 특급 병기가 무엇인지 어서 빨리 공개하라는 것일지도 모르겠다. 실제로 커피를 마시거나 식사를 하는 자리에서 파우치를 꺼내면 일순간 지인들의 시선이 고정되는 것을 느낀다. 하지만 내 파우치에는 '보여주기 위한 용도'의 트렌디한 아이템은 없다. 정말 필요하고, 가장 간편하고, 가장 스마트한 제품만 엄선해 파우치에 입성할 기회를 주기 때문이다. 그런 나의 시크릿 파우치를 공개한다.

❶ 맥 | 루비 + ❷ 조르지오 아르마니 | 루즈 엑스터시
쿨 톤의 강렬하면서도 세련된 레드 립을 연출할 수 있는 막강 조합 아이템. 입술 중앙에 살짝만 톡톡 두드려 발라도 자연스러운 레드 립이 완성된다. 두 가지 제품을 믹스하여 사용하면 훨씬 더 풍부한 느낌의 레드 립으로 연출이 가능하다.

❸ 쉭앤칙 | 퀸즈 밤
피곤하면 입술 주변에 각질이 도드라지는 편이다. 소량의 제품을 손에 덜어 체온으로 녹이고 각질이 일어난 부분이나 건조한 부위에 발라주면 금세 피부가 촉촉해지는 것을 느낄 수 있다. 부드러운 질감의 저자극 천연 밤이라 더 사랑하는 제품. 배우 하지원이 제품 개발부터 적극적으로 참여한 브랜드로도 유명하다.

❹ 조말론 | 레드 로즈
바쁜 일상에서 내게 힐링을 주는 향기다. 인위적이지 않은 순수한 로즈향은 향수를 뿌리고 향을 즐기는 잠깐 동안 브레이크 타임을 부여한다. 여유를 되찾고 다시 일에 집중할 수 있는 촉매제가 되는 아이템인 셈.

❺ 파리베를린 | 펜슬 컨실러
펜슬 타입의 컨실러로 휴대가 용이하고 제품의 질감 또한 부드러워 사용하기 편리하다. 급하게 메이크업을 수정해야 할 때, 지워진 베이스나 커버할 곳에 슥슥 바르고 두드려주면 감쪽같다. 초보자도 사용하기 좋은 아이템.

❻ 슈라맥 | 비비 크림
자연스러우면서도 광이 나는, 매끈한 피부 표현이 가능한 비비 크림. 커버력이 뛰어나지는 않지만 피부 재생 기능이 있기 때문에 트러블로 고민하는 사람들에게도 참 좋은 제품. 덧발라도 쉽게 뭉치지 않아 늘 휴대하고 다닌다.

❼ O.P.I | 아보플렉스 큐티클 오일
큐티클을 조금 더 깔끔하게 정리할 수 있는 큐티클 오일이다. 아보카도 성분의 고농축 단백질이 상처 치유와 진정 작용까지 하는 기특한 제품. 손을 많이 사용하는 메이크업 아티스트에게는 베스트 아이템 중 하나다.

Natural
Makeup

PART 1
내추럴 메이크업

티 안 나게 감쪽같이 예뻐진다!

은은한 광채가 뿜어져 나오는 얼굴, 티 나지 않
게 커버한 페이스라인, 원래부터 핑크빛인 양 자
연스럽게 물든 두 뺨과 입술. 자연스러움이 최고
의 목표인 내추럴 메이크업은 매우 기본적이면서
도 그야말로 핫한, 양면성을 갖춘 뷰티 스킬이다.

불과 2~3년 전 사진인데도 어딘지 모르게 촌스러운 여자 연예인들의 과거 사진. 당시 그녀들의 모습은 정말 촌스러웠던 걸까? 천만의 말씀. 2~3년 전에도 그녀들은 대한민국 최고의 트렌드세터였다. 가장 핫한 아이 메이크업에, 가장 유행하는 립 컬러를 발랐을 것이며, 누구나 따라하고 싶은 헤어 스타일을 연출했을 것이다. 단지 시간이 흘러 트렌드가 바뀌고, 우리가 그 트렌드를 기억하지 못하면서 '촌스럽다'라고 말하는 것일지도.

하지만 신기한 것은 나와 함께했던 하지원, 송윤아, 정혜영 등 몇몇 여배우의 5년 전 사진은 크게 어색하거나 촌스럽지 않다는 것. 결코 나의 메이크업이 트렌드를 앞서갔다는 얘기가 아니다. 오히려 트렌드에 연연하기보다 기본에 충실한 메이크업을 했기 때문이 아닐까?

세월이 훌쩍 흘러도 어색하지 않은 과거 사진을 당당하게 공개할 수 있는 비결은 자연스럽고 은은한 메이크업을 기본으로 하는 것이다. 현란한 기술보다는 이목구비의 단점을 최대한 티 나지 않게 보완하는 것이 내추럴 메이크업의 정석. 그리고 그 자연스러움에 세련미만 얹으면 완성도 높은 메이크업이 된다. 여기서 세련미라는 것은 빛나는 피부결이 될 수도 있고, 입체적인 페이스라인이 될 수도 있으며, 또렷한 눈매가 될 수도 있다.

우선 내추럴 메이크업을 하려면 욕심부터 버려야 한다. '눈이 조금 더 커졌으면', '얼굴이 좀 더 갸름해졌으면' 하고 생각하는 순간부터 메이크업은 과도해진다. 지금부터 과하지 않게, 그리고 은은하게 세련됨을 표현할 수 있는 메이크업 스킬을 공개한다.

얇고 투명하게! 완벽 커버 베이스 메이크업

모공과 미세한 솜털까지 여실히 드러나는 HD 화면. 이에 맞서야 하는 여배우들의 고민은 날로 깊어만 간다. 실제로 보이는 피부보다 화면에서 훨씬 더 적나라하게 드러나기 때문. 그래서 메이크업은 투명하지만 더 정교하고 완벽한 커버력을 갖춘 메이크업으로 진화하고 있다. 얇고 투명하지만 빈틈없이 연출하는 베이스 메이크업의 비밀을 공개한다.

기초 화장의 마지막 단계이자 베이스 메이크업의 첫 단계는 수분 에센스로 한다. 피부 전체가 촉촉해질 정도로 수분 에센스를 얼굴 전체에 바르고 가볍게 두드려 충분히 흡수시킨다.

수분 에센스가 충분히 흡수되면 다시 한 번 미스트를 뿌려 수분을 공급한다. 자외선 차단 기능 미스트를 이용하면 자외선 차단제 바르는 과정을 생략해도 좋다.

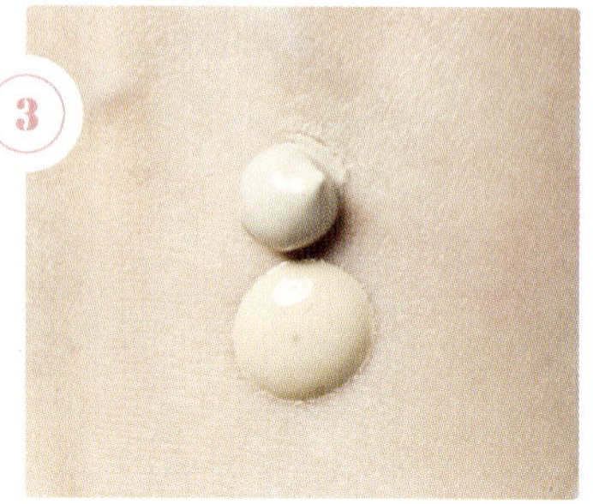

가벼운 질감의 리퀴드 파운데이션에 비비크림을 1:1로 믹스한다. 밀착력이 우수하면서도 촉촉한 피부 연출이 가능하다.

파운데이션 브러시에 믹스 파운데이션을 묻혀 양 볼, 이마, 턱 등 넓은 면적에 먼저 바르고 눈 밑, 코 옆 부위는 브러시에 묻은 여분의 파운데이션을 사용해 커버한다. 브러시의 방향은 피부 결대로, 안에서 밖으로 터치한다.

브러시로 파운데이션을 바르면 밀착력 있고 균일하게 발리지만 브러시 자국으로 결이 생길 수 있다. 브러시를 잡은 손에 힘을 최대한 빼고 가볍게 터치해서 브러시 자국을 없앤다.

사용이 간편하고 잡티 커버력이 우수한 펜슬 타입의 컨실러를 이용해 잡티를 커버한다. 잡티 부위에 컨실러를 바르고 베이스 메이크업과 경계가 생기지 않도록 손가락을 이용해 가볍게 두드린다.

브라이트닝 기능이 있는 아이 전용 브라이트너를 발라 눈가를 화사하게 밝힌다. 아이크림 바르듯이 위아래 점을 2~3개씩 찍은 후 가볍게 두드려 펴 바른다.

촉촉함을 강조한 베이스 메이크업이라고 해도 완성도와 유지력를 높이기 위해 파우더로 가볍게 마무리한다. 파우더 브러시에 소량의 파우더를 묻혀 손등에 가볍게 털어낸 후 페이스라인과 눈썹 사이사이, 콧방울 부위만 가볍게 터치한다.

IT COSMETIC

빌리프 | 뉴메로 10 에센스
피부에 수분을 잡아주어 촉촉하게 유지해주고 유수분 밸런스를 맞춰준다.

조르지오 아르마니 | 레스팅 실크 UV 파운데이션
피부 속부터 촉촉해지고 지속력이 우수하다. 실키한 느낌으로 마무리되어 파우더를 굳이 사용하지 않아도 된다.

파리베를린 | 르 크레용 컨실러 펜슬
간편한 펜슬 타입으로 휴대가 간편하고 사용이 편리해 점이나 잡티를 가리는 데 효과적인 컨실러. 자연스러운 색감으로 한국인 피부 톤에 적합한 제품.

BEAUTY ADVICE

베이스 메이크업 전에 알아둬야 할 것

❶ 내 얼굴에 딱 맞는 파운데이션 컬러 찾는 법

21호를 바르자니 너무 들떠 보이고 23호를 바르자니 너무 어둡고 탁해 보이는 피부. 이럴 땐 목의 톤과 자연스럽게 연결되는 컬러를 선택하는 것이 좋다. 얼굴과 목의 경계선인 턱선에 테스트해 동동 뜨거나 어둡지 않은 자연스러운 컬러를 선택하는 것이 가장 이상적. 메이크업 베이스와 파운데이션을 믹스해 피부 톤의 단점을 보완하고 균일하게 정돈해준다면 더욱 좋다. 메이크업 베이스는 피부 톤에 따라 달리 선택하면 된다. 창백한 피부는 핑크 톤, 붉은 기가 있는 피부는 그린 톤, 노란 기가 도는 피부는 퍼플과 핑크 톤의 메이크업 베이스를 선택하면 보완이 가능하다. 전체적으로 칙칙한 피부는 퍼플과 옐로우 톤의 메이크업 베이스를 믹스해 사용해보라.

❷ 메이크업 전 수분 충전은 기본!

조금만 오버해도 메이크업 전체를 망칠 수 있는, 위험 가득한 베이스 메이크업. 실패 없는 베이스 메이크업을 위해 기억해야 할 것은 수분감을 충분히 살려야 한다는 것! 촉촉함이 살아 있어야 잔주름, 모공, 거친 피부 결을 완벽하게 커버할 수 있기 때문이다. 빈틈없는 베이스 메이크업을 완성하는 비장의 무기는 바로 수분 에센스. 베이스 메이크업 처음 단계에서 수분 에센스를 충분히 발라 흡수시키면 훨씬 더 쫀쫀하면서 밀착력 있는 메이크업이 가능하다.

3D 입체 얼굴 만들기

왜 TV 속 그녀들은 모두 깎아 놓은 밤톨처럼 오밀조밀 예쁜 페이스라인을 가지고 있을까? 특별히 과한 셰이딩을 한 것 같지도 않은데 하나같이 입체적인 마스크를 뽐낸다. 작고 입체적인 얼굴을 갖고 싶다고 무조건 어두운 컬러의 셰이딩 제품을 사용하면 자연스러운 메이크업은 이미 물 건너 간 셈. 자신의 피부 톤보다 한 톤 어두운 파운데이션만 잘 활용하면 셰이딩 제품을 사용하는 것보다 훨씬 더 드라마틱하게 3D 입체 얼굴을 완성할 수 있다.

투명하고 화사하게 베이스 메이크업을 완성한다.

피부 톤보다 한 톤 어두운 파운데이션을 손가락에 소량 묻혀 페이스라인을 따라 가볍게 톡톡 찍어둔다. 각이 진 얼굴은 턱선에, 광대가 나온 경우는 광대 옆쪽에, 얼굴이 긴 경우는 턱 밑에 음영 파운데이션을 바른다.

브러시를 이용해 음영 파운데이션을 자연스럽게 펴 바른다.

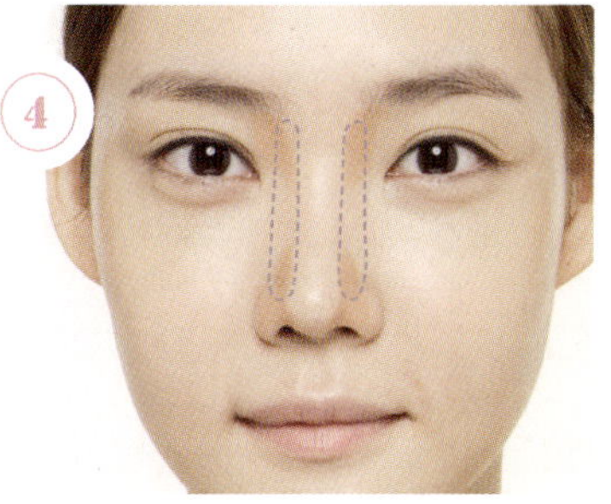

콧대를 살려야 더 입체적인 얼굴을 만들 수 있다. 콧대를 중심으로 양쪽 옆 라인에 소량의 음영 파운데이션을 찍어둔다.

미세하게 터치해야 하는 코 부분은 얇은 브러시를 이용해 음영 파운데이션을 펴 바른다. 눈썹 앞머리부터 콧방울까지 일자로 그린다고 생각하며 위에서 아래로 터치하면 된다.

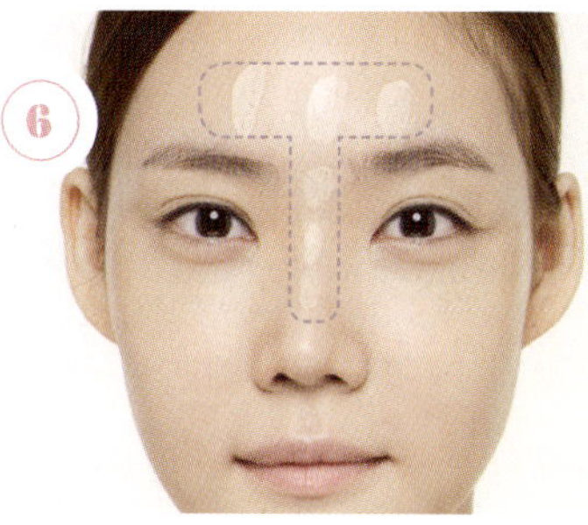

피부 톤보다 한 톤 밝은 파운데이션을 T존 부위에 소량만 찍는다. 마찬가지로 브러시를 이용해 가볍게 펴 바른다.

깨끗한 파운데이션 브러시를 이용해 베이스 메이크업과 음영 파운데이션을 자연스럽게 블렌딩한다. 손에 최대한 힘을 빼고 결이 생기지 않도록 가볍게 터치하면서 경계를 없앤다.

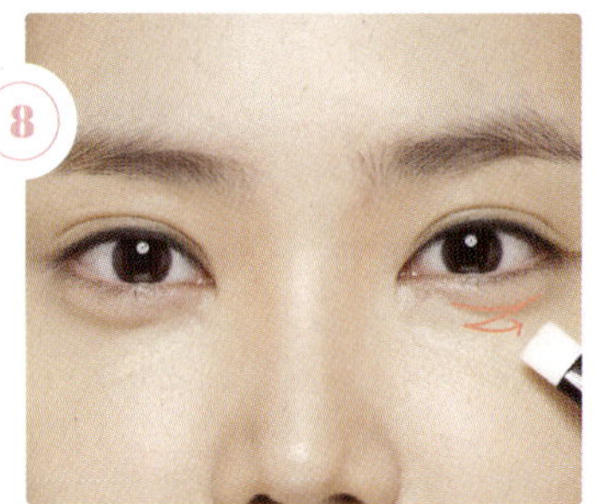

눈가를 화사하게 밝혀야 얼굴이 더욱 입체적으로 보인다. 다크서클이 심한 경우 컨실러를 사용해 반드시 커버한다. 컨실러 브러시에 브라이트닝 기능의 컨실러를 묻혀 좌우로 번갈아가며 터치해 커버한다.

파우더 브러시에 소량의 파우더를 묻혀 손등에서 가볍게 털어낸 후 페이스라인과 눈썹 사이사이, 콧방울 부위에만 가볍게 터치한다.

IT COSMETIC

디올 | 디올 스킨 누드 파운데이션 '030'
붉은 기가 없고 너무 어둡지 않아 자연스럽게 음영을 주기에 적합하다.

조르지오 아르마니 | 디자이너 리프트 파운데이션 2호
가볍고 촉촉한 텍스처로 하이라이트에 사용했을 때 둥둥 뜨지 않고 은은한 광택까지 돌아 자연스럽게 입체감을 준다.

베네피트 | 이레이즈 페이스트
눈과 얼굴 전용 브라이트닝 컨실러로 눈가의 잡티를 확실하게 커버해 화사한 피부 연출이 가능하다.

BEAUTY ADVICE

음영 파운데이션 선택 노하우

❶ 붉은 톤은 피할 것
어두운 파운데이션이라고 해도 톤은 다양하다. 붉은 기가 적은 제품을 선택하는 것이 바람직하다. 동양인은 얼굴이 대체로 노랗기 때문에 붉은 톤의 파운데이션을 사용하면 메이크업이 자칫 과해질 수 있다. 어둡지만 베이지 톤이나 톤 다운된 피치 톤 정도가 적당하다.

❷ 펄 없는 제품을 선택할 것
펄이 있는 파운데이션을 음영 메이크업에 사용하면 조명과 빛 아래에 있을 때 오히려 얼굴이 퍼져 보일 수 있다. 한 듯 안 한 듯 윤곽을 다듬어야 하는 메이크업에 사용하는 제품으로는 적당하지 않다.

❸ 가벼운 텍스처를 고를 것
자연스럽게 펴 발라야 베이스 메이크업과 조화를 이룰 수 있기 때문에 베이스 메이크업에 사용한 파운데이션과 동일한 텍스처를 선택하는 것이 좋다.

SKILL 2 × EYES

오묘하고 그윽한
눈매 연출하기

수묵화는 진하고 연한 먹의 농담만으로도 화려한 컬러 표현 이상의 아름다움을 표현한다. 은은한 펄감이 느껴지는 아이섀도를 이용해서 베이스와 포인트 컬러를 그라데이션하면 마치 화선지 위 먹의 농담처럼 오묘하고 그윽한 눈매를 연출할 수 있다. 밋밋한 눈매에서 매력적인 눈매로 거듭날 수 있는 최고의 메이크업 테크닉이다.

헤어 컬러와 맞는 아이브로우 마스카라를 이용해 자연스러운 눈썹을 연출한다. 눈썹 결 반대로 빗은 후 다시 눈썹 결대로 빗어 컬러를 균일하게 만드는 게 포인트.

은은한 펄이 있는 베이지 컬러의 섀도를 눈두덩 전체에 고르게 펴 바른다. 세련된 포인트 컬러를 연출하기 위한 베이스가 된다.

눈 밑 언더라인에도 같은 컬러의 베이스 섀도를 가볍게 발라 컬러를 연결한다.

그윽한 느낌을 낼 수 있는 연한 브라운 컬러의 섀도를 쌍꺼풀 라인 위까지 넓게 바른다.

은은한 펄이 있는 딥 브라운 포인트 컬러의 섀도를 쌍꺼풀 라인에 바르고 브러시에 남은 여분의 섀도를 사용해 눈 앞머리와 눈꼬리 부분에 그라데이션한다.

앞에 바른 베이지, 연한 브라운 컬러의 섀도와 자연스럽게 믹스되도록 경계를 없애면 깊고 그윽한 눈매가 완성된다.

(7)

브러시에 남은 여분의 포인트 섀도로 눈 밑 언더라인에 가볍게 포인트를 준다. 이때 언더 포인트 섀도는 눈꼬리부터 언더라인의 3분의 2지점까지만 바른다.

미샤 | 더 스타일 트리플 퍼펙션 섀도 '2호 허니오렌지'

아르간 오일이 함유된 부드럽고 매끄러운 사용감의 제품. 눈두덩 전체에 발라도 동동 뜨지 않고 부드럽게 밀착되어 자연스러운 베이스 섀도로 제격. 보통은 베이지 컬러를 사용하면 되는데 홑꺼풀 스타일은 세 가지 컬러 중 중간 컬러인 피치 색상을 베이스 섀도로 사용하면 눈이 부어 보이지 않고 자연스럽게 사용 가능하다.

아멜리 | 스텝베이직 섀도 '225 넛트브라운'

미세한 색감이 한 번의 터치로도 깊은 컬러감을 전달한다.

나스 | 싱글 아이섀도 '갈라파고스'

오묘하고 깊은 색감이 눈매를 또렷하게 잡아주어 그라데이션을 깔끔하게 마무리할 수 있다.

FINISH

베이스 컬러와 포인트 컬러가 자연스럽게
조화를 이룬 아이 메이크업 완성!

BEAUTY ADVICE

그라데이션 초보자를 위한 팁

그라데이션에 서툰 초보자라면 진한 포인트 컬러로 한 번에 그라데이션을 완성하려고 애쓰지 말자. 포인트 컬러를 소량만 브러시에 묻혀 티슈에 한 번 찍어내고 바르는 과정을 몇 번 반복하면 된다. 다소 번거로운 과정이지만 섀도가 얼룩지거나 톤 조절에 실패할 확률을 최대한 줄일 수 있는 방법이다.

SKILL 2 × EYES

섀도로 자연스러운
애교살 만들기

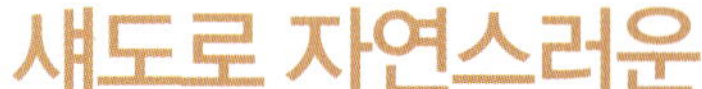

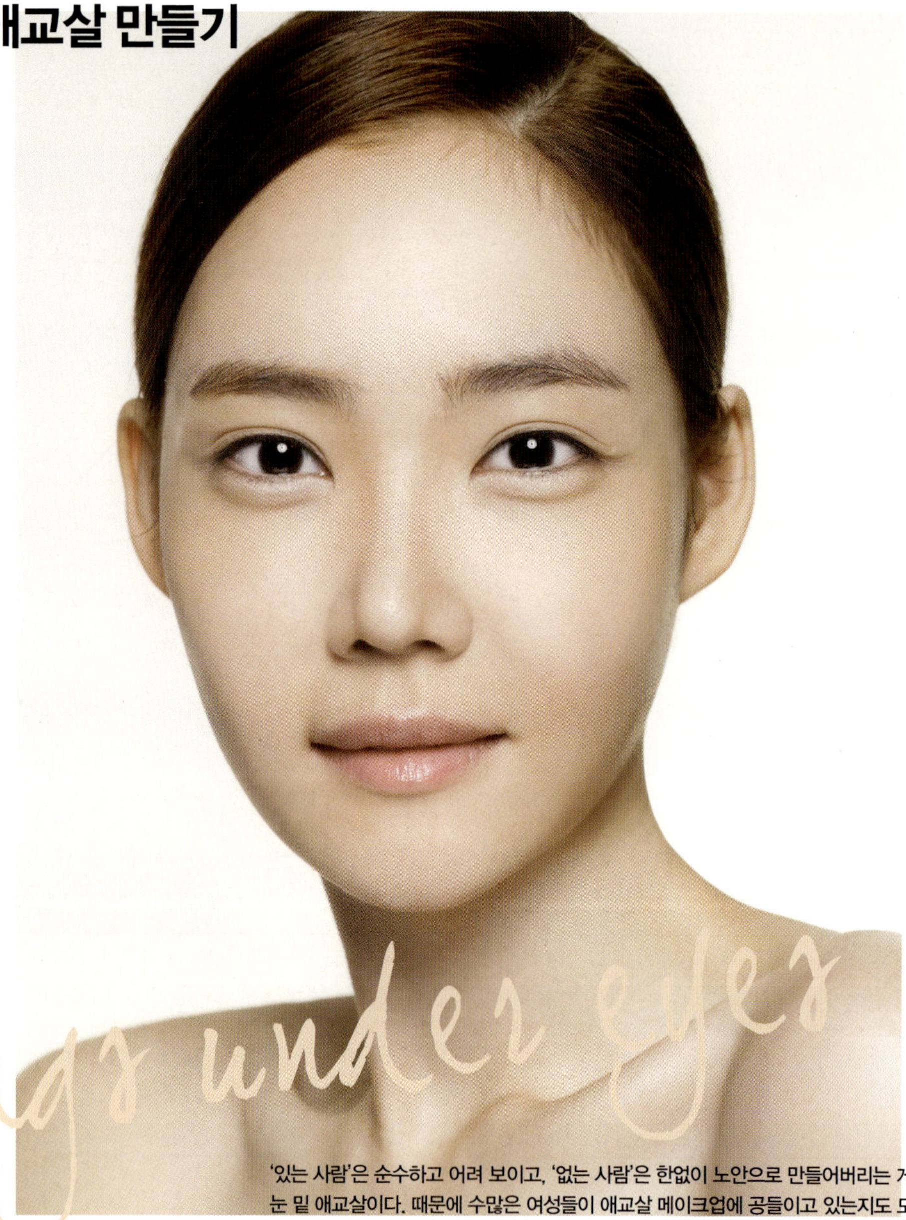

'있는 사람'은 순수하고 어려 보이고, '없는 사람'은 한없이 노안으로 만들어버리는 게 바로 눈 밑 애교살이다. 때문에 수많은 여성들이 애교살 메이크업에 공들이고 있는지도 모른다. 부디, '애교살이 없어서 그렸어요~'라고 말하는 것처럼 눈 밑 언더라인만 지나치게 부각시키지 말자. 자연스럽지 않을 바엔 차라리 없는 게 더 쿨해 보인다는 것을 명심하고 최대한 자연스럽고 또 자연스럽게 표현해야 한다.

투명하고 화사하게 베이스 메이크업을 완성
한다.

투명감이 느껴지는 화이트 핑크 섀도를 눈
두덩 전체에 얇고 고르게 펴 바른다.

브러시에 남은 여분의 베이스 섀도를 눈 밑
언더라인에도 가볍게 발라 컬러감을 자연스
럽게 연결한다.

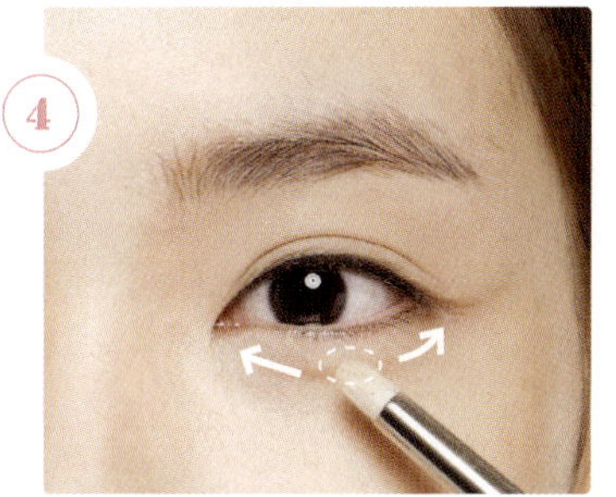

웃을 때 볼록 올라오는 눈 밑 언더라인에 은
은한 펄이 들어간 화이트 베이지 컬러의 섀
도를 펴 바른다. 눈 중앙부터 시작해 눈 앞머
리와 눈꼬리 쪽으로 그라데이션하는 느낌으
로 바르면 된다.

부드러운 질감의 펜슬 타입 섀도를 이용해
언더라인 중앙에 하이라이트를 넣는다. 펄
이 있는 화이트 컬러를 선택하면 된다.

아무것도 묻어 있지 않은 깨끗한 브러시를
이용해 4번과 5번의 컬러를 자연스럽게 블
렌딩한다. 손에 힘을 빼고 터치해야 최대한
자연스럽게 컬러가 섞인다.

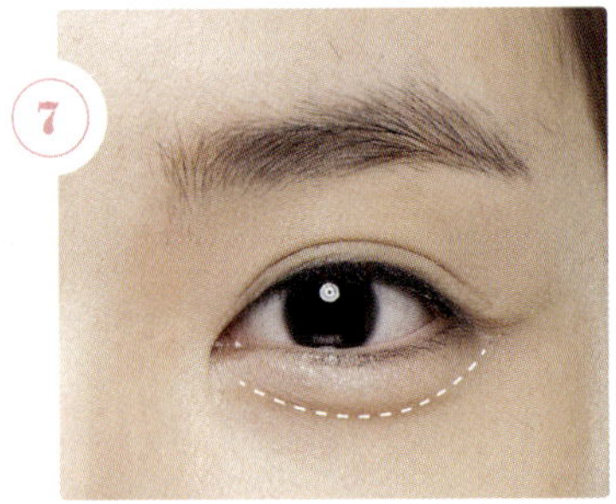

펄 섀도로 자리 잡아둔 애교살 바로 아래쪽에 연한 브라운 섀도로 라인을 그린다. 도톰하게 올라온 애교살의 그림자를 만든다는 생각으로 음영을 넣으면 된다.

아무것도 묻어 있지 않은 깨끗한 브러시를 이용해 음영 라인을 가볍게 쓸어 인위적인 느낌을 없앤다.

로라메르시에 | 모자이크 쉬머 블록

네 가지 은은한 빛의 컬러가 한 제품에 담겨 있어 피부 톤에 맞게 선택이 가능하다. 까무잡잡한 피부에 무조건 화이트 섀도로 하이라이트를 표현하면 동동 떠 보여 애교살이 억지스럽게 연출될 수 있으므로 자신의 피부 톤에 맞게 선택하는 것이 좋다.

아리따움 | 애교살 볼류머 듀오 '2호 샤인베이지'

은은한 펄감으로 블링블링해 보이면서도 과하지 않아 자연스러운 애교살 만들기에 적합하다.

맥 | 아이섀도 '웨지'

파우더 타입 부드러운 베이지 톤의 회갈색 섀도. 사용이 간편하고 색이 오래 지속된다.

애교살 메이크업을 피해야 하는 경우

전체적으로 매트한 메이크업을 했다면 과감하게 애교살 메이크업은 포기하는 것이 현명하다. 눈 밑 언더라인만 반짝반짝 펄이 느껴지면 오히려 그 부분이 부각되어 전체적인 메이크업을 망칠 수 있다. 애교살 메이크업의 아이 컬러에는 최대한 자연스러운 컬러가 어울린다. 연한 핑크 톤의 섀도나 연한 파스텔 톤이 적절하다. 피부는 최대한 얇고 투명하고 촉촉하게 표현하는 것이 진리!

1.5배
더 또렷한 눈매를 만드는
아이라인 스킬

제아무리 화려한 컬러감을 입혀
도 아이 메이크업은 단순하게 둘
로 나뉜다. 아이라인을 그린 메이
크업과 그리지 않은 메이크업. 우
리가 흔히 그리는 자연스러운 아
이라인의 두께는 1~1.5mm 정도.
1.5mm의 아이라인은 메이크업의
완성도는 물론 인상까지 뒤바꿀
수 있다. 한 줄의 라인으로 1.5배
더 또렷한 눈매를 만들어보자.

브라운 컬러의 아이브로우 펜슬을 사용해 눈썹 결을 살린다는 느낌으로 눈썹의 빈 부분만 채운다. 인위적이지 않게 자연스러운 느낌을 살려야 눈매를 더욱 또렷하게 만들 수 있다.

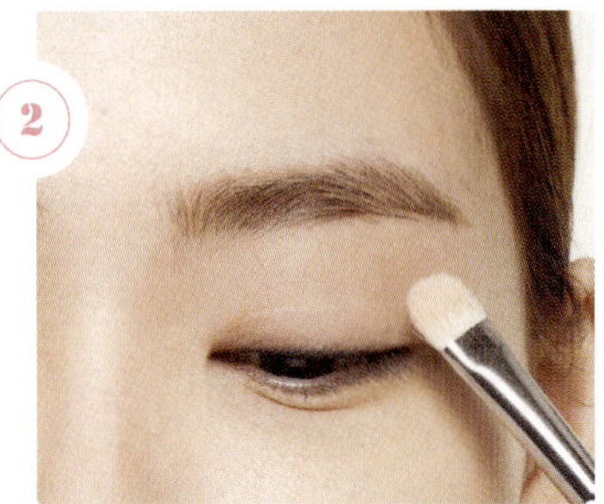

연한 베이지 컬러의 섀도를 눈두덩 전체에 얇고 균일하게 펴 바른다. 펄이 지나친 제품을 사용하면 눈이 부어 보이거나 작아 보일 수 있으니 피하는 것이 좋다.

베이스 섀도 컬러를 눈 밑 언더라인에도 발라 연결성 있게 해준다.

옅은 브라운 컬러의 섀도를 쌍꺼풀 라인에 가볍게 발라 좀 더 또렷한 눈매를 만든다.

브라운 컬러의 펜슬 라이너를 사용해 속눈썹 사이사이를 꼼꼼히 채워 라인을 잡아준다. 펜슬 라이너는 수정도 간편해 원하는 모양을 좀 더 쉽게 연출할 수 있다. 눈꼬리 부분을 너무 길게 빼거나 올려 그리지 않아야 자연스럽다.

또렷한 라인을 만들기 위해 젤 타입의 아이라이너를 사용해 다시 한 번 코팅해주면 좋다. 펜슬 라이너로 그린 아이라인 위에 얇게 덧발라 그린다.

라인을 또렷하게 그려주는 것만으로도 윤곽이 살아나고 또렷한 인상을 줄 수 있지만 마스카라까지 더한다면 완벽한 눈매를 만들 수 있다. 뷰러를 이용해 속눈썹 뿌리부터 끝까지 3단계에 걸쳐 집어주며 컬을 만든다. 뷰러 사용법은 55쪽에서 좀 더 자세히 배운다.

마스카라 베이스는 속눈썹을 보호해주는 역할은 물론 풍성한 연출을 가능하게 하는 일석이조의 아이템이다. 마스카라 바르듯이 속눈썹 뿌리부터 고르게 바른다.

마스카라로 속눈썹 윗면을 번 쓸어내리고 뿌리부터 꼼꼼하게 지그재그로 올려 바른다. 풍성한 속눈썹 연출은 눈을 더욱 또렷하고 깊이 있어 보이게 한다.

BEAUTY ADVICE

실패 없이 아이라인 그리는 노하우

1 점막에 최대한 붙여서 그린다. 속눈썹 사이사이를 꼼꼼하게 채워야 깔끔한 라인이 완성된다.

2 아이라인이 잘 번지지 않는 눈은 펜슬 타입의 아이라이너를 단독으로 사용하는 것도 좋다.

3 눈가가 건조하거나 라인 그리기에 서툴다면 크림 타입의 아이라이너를 사용하는 것이 좋다.

4 또렷한 눈매를 원할 경우 리퀴드 타입의 아이라이너를 사용해 한 번 더 코팅해주는 것이 좋다.

5 쌍꺼풀이 없는 눈은 라인을 그려도 눈을 뜨면 사라지는 경우가 많다. 그럴 때는 눈을 뜬 상태로 라인이 보여야 하는 위치에 점을 찍어둔다. 다시 눈을 감고 체크해둔 부분까지 채워 라인을 그리면 된다.

6 눈꼬리가 올라간 눈의 경우 거울을 정면에서 바라보고 눈꼬리를 살짝 내려주면 좋다.

IT COSMETIC

맥 | 아이콜펜슬 '테디'
크리미한 질감의 아이 펜슬. 눈에 자극 없이 한 번에 라인이 그려져 초보자도 쉽게 사용이 가능하다.

나스 | 아이페인트 '블랙 밸리'
부드러운 질감의 젤 타입 아이라이너. 속눈썹 사이사이를 부드럽게 채워 자연스럽고 또렷한 눈매를 표현할 수 있다.

미샤 | 더 스타일 퍼펙트 마스카라 프라임 베이스
가볍게 발려 뭉치지 않으면서 속눈썹을 더욱 풍성하게 연출해준다.

한 올 한 올 풍성하게 돋보이는 속눈썹 메이크업

내추럴한 메이크업을 좋아하는 하지원이나 강혜정의 경우에도 속눈썹 메이크업만큼은 충실한 편. 굳이 컬러감을 강조하지 않아도 그녀들의 눈매가 또렷해 보이는 이유다. 길고 풍성하고 아찔하게 올라간 속눈썹을 만드는 마스카라는 메이크업 아이템 중에서도 즉각적이고 드라마틱한 효과를 볼 수 있는 아이템. 하지만 아무리 훌륭한 기능을 갖춘 제품이라도 제대로 사용할 줄 모른다면 원하는 결과를 얻을 수 없다. 마스카라의 전문가 스킬 대공개!

뷰러를 잡고 있지 않은 손을 사용해 눈꺼풀을 살짝 들어준다. 시선을 아래로 향한다.

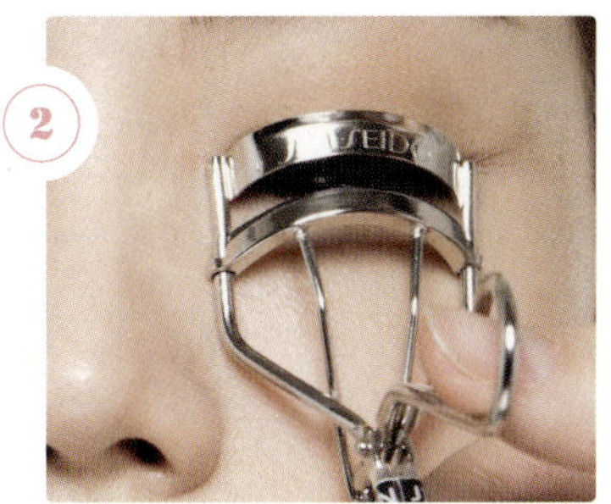

뷰러 사이로 눈두덩 살이 보이지 않게 뷰러의 윗면을 최대한 속눈썹 라인에 맞춘다. 이렇게 라인을 맞춰야 눈두덩 살이 뷰러에 집히지 않는다.

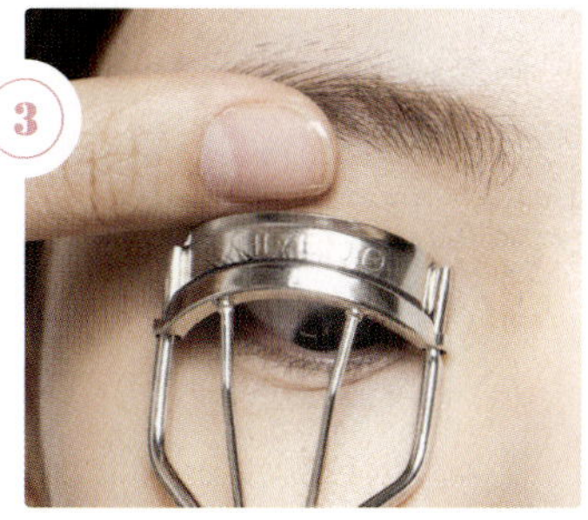

속눈썹 뿌리 부분에 가장 가깝게 뷰러를 대고 강하게 한 번만 집어준다. 이 상태를 너무 오래 지속하거나 여러 번 반복하면 눈썹이 직각으로 휘어질 수 있으니 강하게 한 번만 집어줘야 한다.

3번 과정에서 뷰러를 빼지 말고 손목을 꺾어 살짝 들어 올리면서 약 3회에 걸쳐 속눈썹 끝까지 집어준다. 뿌리, 중간, 끝으로 옮겨가며 가볍게 집으면 된다.

스크류 브러시에 투명 파우더를 묻혀 마스카라 바르듯 속눈썹 뿌리에서 끝까지 가볍게 쓸어준다. 소량씩 여러 번 해줘야 꼼꼼히 발리고 마스카라를 했을 시 뭉치지 않는다. 투명 파우더를 바르면 마스카라의 번짐을 방지하고 컬링 유지력이 높아진다.

풍성하고 긴 속눈썹을 연출하고 싶어 속눈썹 끝에만 집중적으로 마스카라를 바르는 것은 잘못된 방법. 그 순간은 풍성해 보일지라도 시간이 지나면 속눈썹의 컬이 내려가 또렷한 눈매를 망칠 수 있다. 마스카라로 속눈썹의 윗면을 가볍게 쓸어내리는 과정이 첫 단계다.

한쪽 손으로 눈두덩을 살짝 들어 올려 속눈 썹 뿌리 쪽을 꼼꼼히 바른다. 속눈썹 뿌리를 꼼꼼하게 바르면 컬링이 살아나고 눈매를 좀 더 선명하고 또렷하게 연출할 수 있다.

뿌리를 꼼꼼하게 바른 후 뿌리부터 속눈썹 끝까지 지그재그로 마스카라를 바른다. 지 그재그로 발라야 마스카라가 뭉치지 않고 길고 우아한 속눈썹을 연출할 수 있다.

조금 더 풍성하게 연출하고 싶다면 다른 메 이크업을 진행한 후 마스카라가 말랐을 때 한 번 더 코팅하면 뭉치지도 않고 풍성하게 연출할 수 있다.

FINISH

시세이도 | 뷰러
동양인의 눈에 맞게 설계되어 있는 제품이라 사용하기가 매우 편리하다.
랑콤 | 버츄어스 드라마 마스카라
드라마틱한 컬링으로 매혹적인 속눈썹을 만들어준다.

BEAUTY ADVICE

다양한 눈매를 연출하는 마스카라 스킬

❶ 그윽한 눈매 연출법
속눈썹 뿌리 쪽을 꼼꼼하게 바르면 아이라인 효과 처럼 눈매가 또렷하게 보인다. 나머지 부분은 지 그재그로 쓸어주어 자연스럽게 마무리하면 깊고 그윽한 눈매가 연출된다.

❷ 인형 같은 눈매 연출법
지그재그로 자연스럽게 바르기보다는 한 방향으 로 발라 속눈썹을 가닥가닥 강조하면 인형 같은 눈매 연출이 가능하다. 자칫 인위적인 속눈썹처럼 보일 수 있지만 조금 더 극대화시키고 싶다면 투 명 마스카라를 하고 말린 후에 마스카라를 덧바르 는 과정을 반복한다.

❸ 어려 보이는 눈매 연출법
뿌리를 꼼꼼하게 바르고 속눈썹을 가닥가닥 강조 하면 또렷하면서도 어려 보이는 눈매를 완성할 수 있다.

입체감을 살려 얼굴형을 커버하는
컨투어링 테크닉

컨투어링 메이크업이라고 불리는 윤곽 메이크업은 얼굴의 단점을 완벽하게 커버해 입체감을 살리는 마법 같은 테크닉이다. 컨투어링 메이크업의 기본은 튀어나온 곳은 어둡게, 들어간 곳은 밝게 처리해야 한다는 것. 그동안 입체적인 얼굴을 꿈꾸지 못했던 이유가 오로지 셰이딩만 여기저기 했기 때문은 아닐까? 셰이딩은 모자란 듯, 블러셔와 하이라이트를 꼭 함께 사용해 대비 효과를 이루어야 드라마틱한 효과를 기대할 수 있다.

역삼각 얼굴형

셰이딩으로 윤곽 커버하기

이마가 넓은 역삼각형 얼굴은 이마 부분을 감싸주듯 셰이딩을 해야 얼굴이 축소되어 보인다. 이마 양쪽 끝 부분부터 광대 밑 부분까지 길게 눈 주위를 감싸듯 셰이딩을 넣어 상대적으로 얼굴 윗부분이 넓어 보이지 않도록 한다. 턱 끝은 가로로 셰이딩하는데, 만약 턱이 짧은 편이라면 생략해도 좋다. 피부 톤보다 한 톤 정도 어두운 컬러를 선택해 얼굴 외곽에서부터 안쪽으로 자연스럽게 그라데이션되도록 한다.

블러셔로 생기 주기

날카롭고 차가운 인상을 주는 역삼각형 얼굴에 블러셔를 사선으로 터치하면 역효과를 낼 수 있다. 웃었을 때 볼록 올라오는 볼 부분을 가로질러 일자형에 가깝게 펴 바르고 자연스럽게 그라데이션한다. 블러셔를 자연스럽게 사용하기 위해서는 두 개의 브러시를 사용하면 좋다. 먼저 큰 브러시로 볼 부분에 2~3번 정도 터치를 한 후, 작은 브러시로 웃었을 때 올라오는 부분을 중심으로 살짝 퍼트려서 발라주면 자연스럽게 그라데이션이 된다. 뭉치지 않고 사랑스럽게 블러셔를 연출할 수 있다.

하이라이터로 밝혀주기

이마가 좌우로 넓은 역삼각형 얼굴의 경우 이마에는 하이라이트를 넣지 않는 것이 좋다. 대신 콧날을 따라 일직선으로 하이라이트를 넣어 입체감을 살리도록 한다. 턱의 움푹 들어간 부분에 가볍게 하이라이트를 넣어주면 턱이 더 짧고 입체적으로 보이는 효과를 기대할 수 있다.

긴 얼굴형

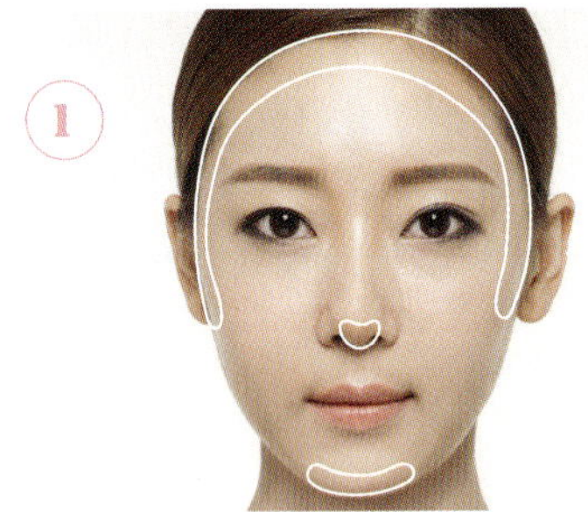

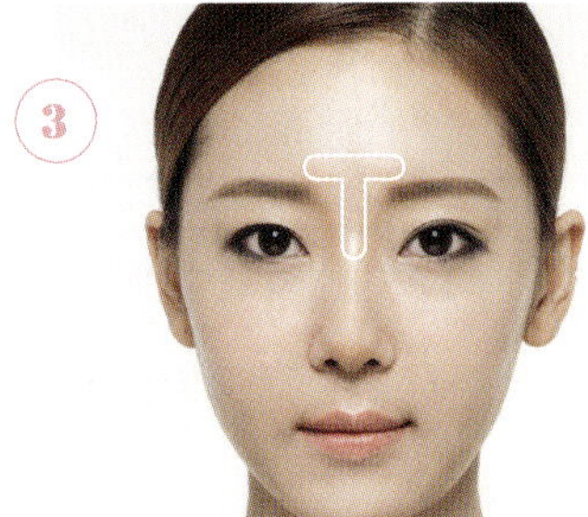

셰이딩으로 윤곽 커버하기

이마를 축소시킨다는 느낌으로 헤어라인 밑부분까지 자연스럽게 셰이딩을 넣는다. 광대뼈 아래 볼이 살짝 파인 부분에 셰이딩을 짧게 넣으면 시선을 분산시켜 긴 얼굴형을 커버할 수 있다. 코끝은 가로로 짧게, 턱 아랫부분은 입술 길이에 맞춰 셰이딩을 넣으면 효과를 극대화시킬 수 있다. 한 번에 어두운 효과를 내려 하지 말고 브러시에 셰이딩 제품을 묻혀 티슈에 가볍게 털어낸 후, 한두 번만 가볍게 쓸어줘야 자연스럽다.

블러셔로 생기 주기

광대뼈를 중심으로 동그랗게 블러셔를 터치해 시선을 끊어주면 훨씬 더 여성스러운 인상을 만들 수 있다. 사선 형태가 아닌 일자형으로 그리는 것이 포인트지만 가로로 너무 길게 그리면 긴 얼굴이 더욱 부각될 수 있으니 눈의 폭보다 짧고 동그랗게 그리도록 해야 한다.

하이라이터로 밝혀주기

콧대 부분에 하이라이트를 줄 때는 짧게 바르는 것이 좋다. 코 끝 부분까지 하이라이트를 넣으면 코가 더 길어 보여 전체적으로 긴 얼굴이 강조될 수 있으니 주의할 것.

둥근 얼굴형

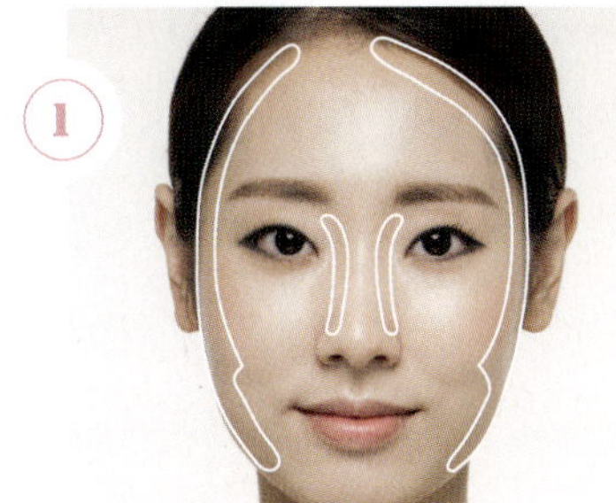

셰이딩으로 윤곽 커버하기

이마 중앙을 제외한 나머지 부분에 가볍게 셰이딩을 넣는다. 다시 관자놀이 부분부터 시작해 광대뼈 방향으로 이어 바른 뒤, 턱 끝까지 브러시를 이동한다. 얼굴 옆면에 긴 3자 모양을 그린다고 생각하면 쉽다. 턱 전체에도 셰이딩을 넣는데, 양쪽 부분을 조금 더 진하게 하면 턱선이 갸름해 보인다. 코 양옆 눈썹 머리가 시작되는 부분도 가볍게 터치하면 콧대가 입체적으로 보인다.

블러셔로 생기 주기

둥근 얼굴의 블러셔 포인트는 45도 각도의 사선 터치에 있다. 알사탕처럼 동그랗게 블러셔를 바르기보다는 가로로 길쭉한 타원형으로 바르는 것이 포인트다. 광대뼈 위에 블러셔를 바르면 광대뼈가 도드라져 보일 수 있다.

하이라이터로 밝혀주기

T존, 인중, 턱을 연결하듯 하이라이트를 넣는다. T존의 경우 가로는 짧게 세로는 길게 발라야 얼굴이 갸름해 보인다.

각진 얼굴형

셰이딩으로 윤곽 커버하기

귀밑 턱 부분은 각진 얼굴형을 커버할 수 있는 컨투어링의 핵심 부위다. 귀 앞쪽부터 턱 끝 선까지 알파벳 J자를 그린다는 느낌으로 가볍게 터치한다. 턱 선을 수정할 때는 반드시 목 부분까지 충분히 쓸어줘야 경계지지 않고 자연스럽게 윤곽을 다듬을 수 있다.

블러셔로 생기주기

코끝의 옆선에서 눈꼬리 방향으로 대각선을 그리듯 가볍게 터치하면 된다. 이때 대각선의 길이를 너무 길게 터치하면 넓은 얼굴을 더욱 부각시킬 수 있으니 눈매가 끝나는 부분 전까지만 가볍게 터치한다.

하이라이터로 밝혀주기

턱 부분보다는 이마로 시선을 끌어 올리는 것을 목표로 이마에 볼륨감을 살려 입체적인 얼굴을 연출한다. 주의해야 할 것은 가로로 넓게 넣을 경우 얼굴이 더 넓어 보일 수 있으니 이마의 중앙에 넓은 타원 모양으로 둥글려 바른다. 콧날과 턱에 일자로 좁게 바른다.

셰이딩, 블러셔, 하이라이팅 200% 활용 하기

❶ 셰이딩 노하우

셰이딩 제품을 선택할 때는 너무 짙은 컬러보다는 은은한 발색력을 지닌 제품을 선택하는 것이 좋다. 특히 초보자의 경우 너무 짙은 제품을 사용하면 메이크업이 얼룩지거나 원하는 라인을 제대로 만들기 어렵다. 번거롭더라도 은은한 컬러의 제품을 여러 번 덧발라 자연스럽게 라인을 만드는 것이 최선의 방법. 브러시를 선택할 때는 크고 둥글며 모가 가늘고 가벼운 것을 선택해야 한다. 특히 부드러우면서도 탄성 좋은 브러시를 사용해야 둥글리거나 쓸어내릴 때 뭉침이 덜하다.

❷ 블러셔 노하우

블러셔를 자연스럽게 바르려면 두 가지 브러시를 사용하는 것이 좋다. 먼저 큰 브러시로 볼 부분에 2~3번 정도 터치를 한 후, 작은 브러시로 웃었을 때 올라오는 부분을 중심으로 살짝 퍼트려서 발라주면 자연스럽게 그라데이션이 된다. 뭉치지 않게 사랑스러운 블러셔를 연출할 수 있다. 한 가지 더! 펄이 너무 많은 블러셔를 사용하면 얼굴이 커 보이거나 촌스러워 보일 수 있으니 살짝 광택이 날 정도의 제품을 선택하면 된다.

❸ 하이라이팅 노하우

얼굴에 입체감을 주는 하이라이터는 바르는 면적이 넓어질수록 얼굴의 면적도 넓어 보일 수 있다. 하이라이터는 얼굴의 중앙 라인 위주로, 반드시 좁은 면적에만 사용해야 한다. 하이라이터를 주로 사용하는 부위는 T존, 눈 밑, 눈 옆 C존 등이다. 이 부위들은 곡선이기 때문에 브러시 또한 곡선 브러시를 사용해야 자연스럽게 터치가 가능하다. 피부 톤을 생각하지 않고 너무 하얀 느낌의 하이라이터를 사용하면 오히려 촌스럽고 부자연스러울 수 있다. 피부 톤이 까만 경우에는 너무 하얗거나 붉은 하이라이터보다는 골드 느낌의 하이라이터를 이용해 화사함을 더해주면 된다. 혈색이 필요하면 핑크, 다크서클이 스트레스라면 옐로우 베이스를 한 톤 깔고 난 다음 하이라이터를 쓰면 효과적이다.

맥 | 미네랄라이즈 스킨피니시 '미디움 다크'
미네랄 성분이 들어 있는 압축 파우더 제형으로 아주 소량의 은은한 펄이 피부에 고급스러운 광택을 부여해주면서 자연스럽게 음영감을 연출해준다.

슈에무라 | 글로우온 'P 소프트 핑크 324'
피부에 생기를 주는 치크 블러셔. 은은한 펄감과 과하지 않은 핑크 컬러로 화사하고 자연스러운 혈색을 연출할 수 있다.

로라메르시에 | 새틴 하이라이터
우아한 펄이 피부 속부터 뿜어져 나오는 광채를 연출해줘 자연스러운 입체감을 표현할 수 있다.

글로시한 입술을 만들기 위한 각질 제거법

영화 속에서 남자 주인공의 사랑을 받는 그녀들의 입술은 언제나 촉촉했다. 실제로 수많은 남자들이 최고로 꼽는 입술은 섹시한 입술도 핑크빛 입술도 도톰한 입술도 아닌, 그냥 단순히 촉촉한 입술이란 사실. 대세 립스틱을 득템하기 위해 매장으로 달려가는 것보다 더 시급한 것은 립 케어. 아무리 진화한 텍스처의 립스틱과 글로스를 사용해도 거친 입술에는 무용지물. 글로시한 입술의 출발점, 각질 제거법을 배워보자.

수분 크림과 면봉으로 각질 제거하기

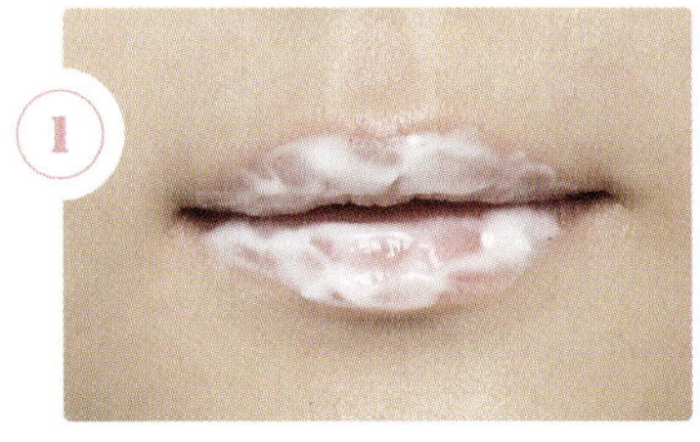

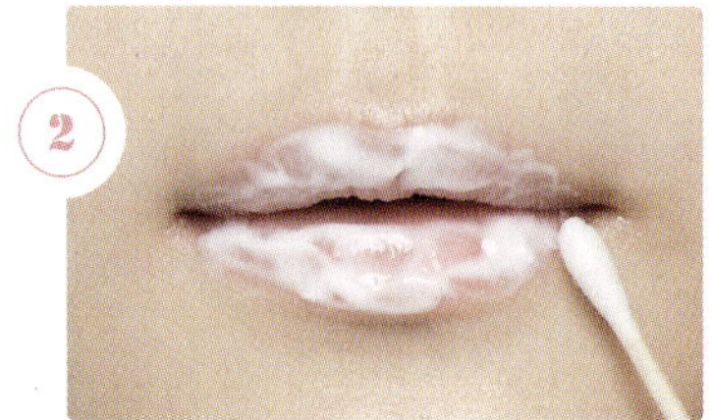

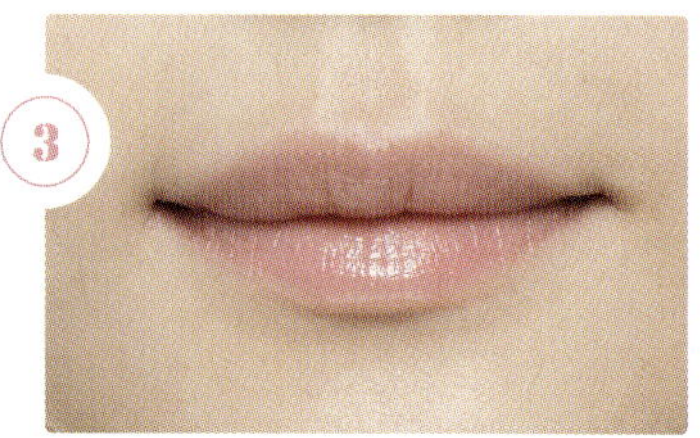

평소 사용하는 수분 크림을 입술 위에 듬뿍 얹어 15분 정도 방치한다. 입술이 수분과 유분을 충분히 흡수해 각질을 좀 더 쉽게 제거할 수 있는 상태가 된다.

수분 가득한 입술에 면봉을 살살 문질러 각질을 제거한다. 수분 크림의 보습 성분이 각질을 유연하게 만들어 가볍게 문질러도 자극 없이 각질이 제거된다.

각질을 제거한 후에는 동일한 수분 크림을 다시 듬뿍 얹어 충분히 수분을 공급한다. 수분 크림을 흡수시킨 후 립글로스를 발라 수분감을 유지한다.

천연 각질 제거제로 각질 제거하기

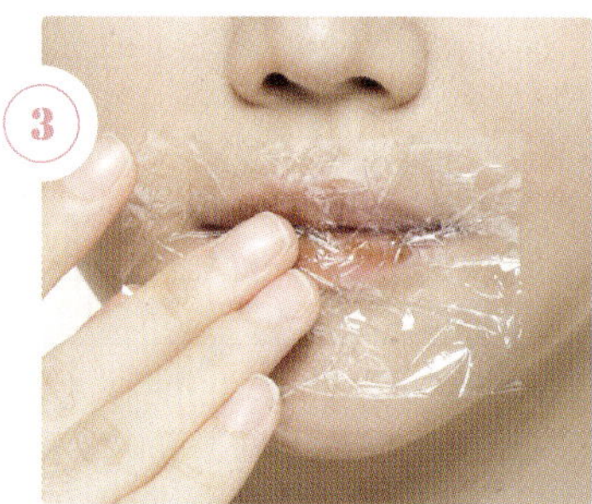

물에 적신 수건을 전자레인지에 20~30초 정도 데운다. 따뜻해진 스팀 타월을 입술 위에 올려둔 후 각질을 불린다. 사용하기 전에 타월 온도가 너무 뜨겁지 않은지 체크하는 것은 필수.

두 스푼 정도의 꿀을 전자레인지에 10초만 데운다. 막 꺼낸 꿀은 뜨거우니 주의할 것. 따뜻하게 데운 꿀에 흑설탕 한 스푼을 넣어 섞는다.

흑설탕 꿀의 온도가 너무 뜨겁지 않은지 체크해본 후 소량씩 덜어 입술 위에 올려둔다. 그 위를 랩으로 덮어 영양 성분이 쉽게 흡수되도록 한다. 15분 후 랩을 떼어내고 손가락으로 각질을 제거한 후 미온수로 가볍게 헹궈낸다.

립 케어 전문 제품으로 각질 제거하기

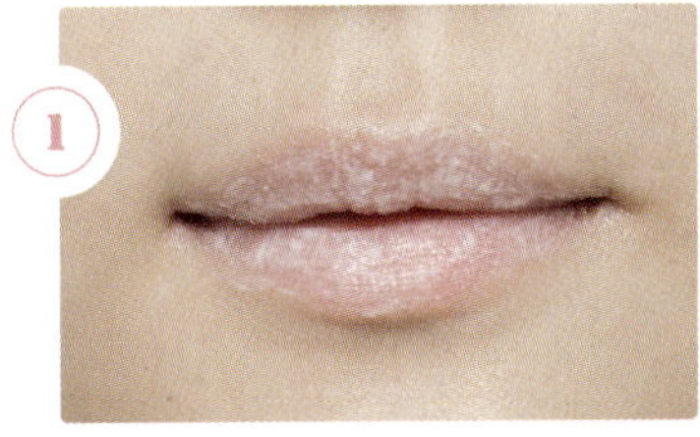

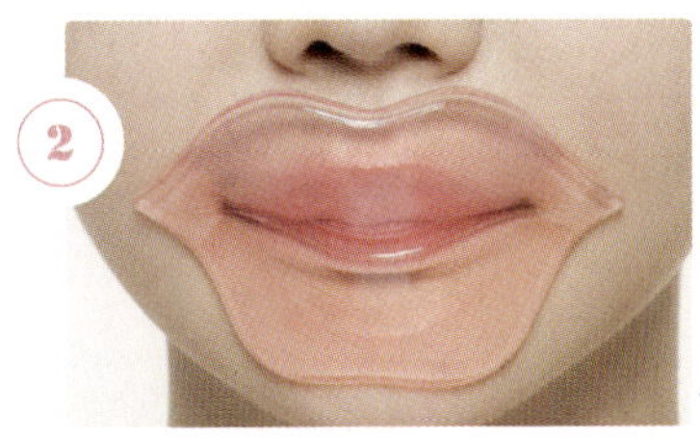

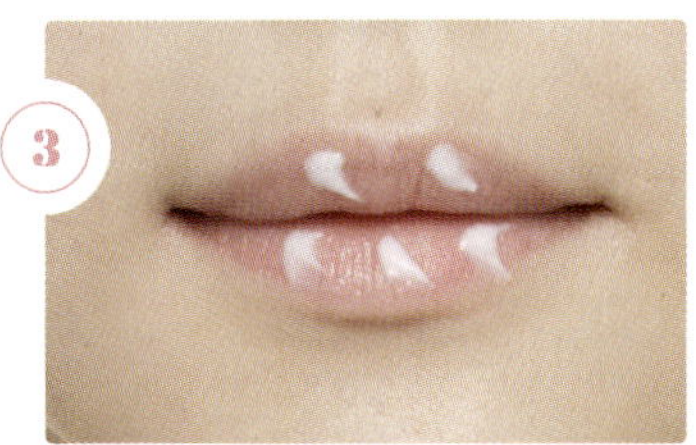

1 입술 위에 발라 하얗게 들뜬 각질을 제거하는 입술 전용 스크럽을 사용해 각질을 제거한다. 스크럽을 바른 후 2~3분 정도 방치 후 립 리무버를 화장솜에 적셔 가볍게 닦아낸다. 미세한 스크럽 알갱이들이 각질을 효과적으로 제거해준다.

2 보습, 각질 제거, 영양 공급에 효과적인 겔 타입의 입술 전용 패치로 2단계 관리를 해준다. 15~20분 정도 얹어두면 매끈해진 입술을 확인할 수 있다.

3 입술을 보호하는 입술 전용 에센스를 발라 입술에 영양을 공급한다. 입술 전용 에센스가 없을 경우 소량의 아이 크림을 입술에 발라도 입술 탄력을 높이는 데 도움을 줄 수 있다. 입술에 직접 닿고 삼킬 수도 있기 때문에 천연 제품이면 더욱 좋다.

러쉬 | 립 스크럽
화장품의 역한 맛이 전혀 느껴지지 않는 천연 성분의 립 스크럽으로 자극 없이 스크럽된다.

이니스프리 | 하이드로겔 립 마스크
입술의 각질을 케어하고 영양을 공급해 보습이 오래 지속되는 립 케어 겔 마스크.

키엘 | 립 에센스
건조함과 각질을 진정시키고 보습을 제공하는 입술 전용 트리트먼트.

BEAUTY ADVICE

각질을 부각시키는 립스틱 버려야 할까?

컬러가 마음에 쏙 들어 구입한 립스틱이 립 컬러보다는 지저분한 각질을 눈에 띄게 만든다면 어떻게 해야 할까? 우선 베이스 메이크업을 할 때 입술에 립밤을 충분히 발라놓는다. 모든 메이크업을 끝내고 면봉으로 각질을 슬슬 제거하면 립밤에 불은 각질을 쉽게 제거할 수 있다. 그 위에 립스틱을 바르면 끝. 또는 립스틱을 손등에 덜어 투명 립글로스와 믹스해 사용한다. 컬러는 유지하면서 글로시한 느낌을 더해 각질을 커버할 수 있다.

원래 핑크빛 입술이었던 것처럼,
틴트 실전 테크닉

입술이 예쁜 여배우를 꼽으라면 늘 주저 없이 신세경을 꼽는다. 균형감 있고 도톰한 입술 모양도 예쁘지만 자연스럽게 핑크빛으로 물든 컬러는 '탐스러움' 그 자체다. 그녀가 내추럴 메이크업을 200% 소화할 수 있는 이유도 바로 그 입술 컬러에 있다. 수줍은 듯 자연스럽게 물든 신세경의 립 컬러를 닮고 싶다면 틴트만 잘 활용해도 가능하다. 원래부터 핑크빛이었던 것처럼, 자연스럽게 립 컬러를 표현하는 것이 내추럴 메이크업으로 가는 마지막 단계다.

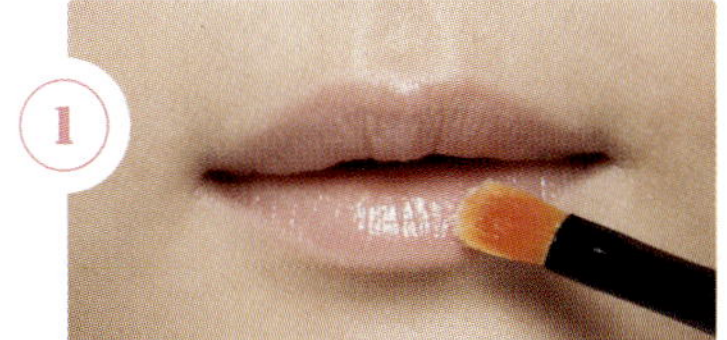

틴트를 바르고 나면 곧바로 제품이 말라버려 건조한 입술이 된다. 또, 틴트의 특성상 입술에 착색되기 때문에 사전에 립밤을 발라 입술을 촉촉하게 코팅한다.

입술 라인이 깔끔하지 않으면 전체적으로 깨끗한 인상을 주기 어렵다. 컨실러를 입술 외곽에 바르고 톡톡 두드려 칙칙한 라인을 깔끔하게 커버하고 고르지 못한 입술 톤을 균일하게 맞춰준다. 이때, 입술 안쪽까지 꽉 채워 컨실러를 바를 필요는 없다.

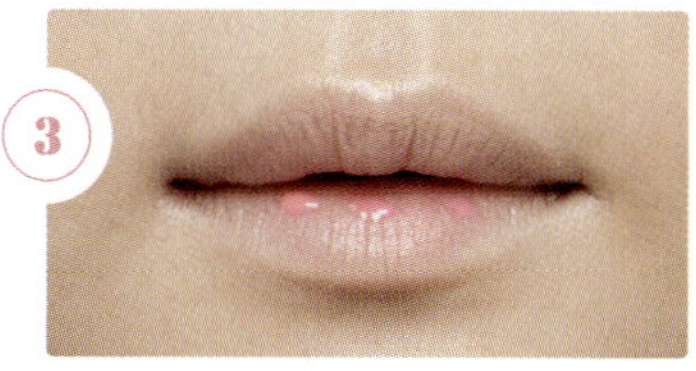

핑크 컬러의 틴트를 아랫입술 중앙 부위에 톡톡톡 찍어둔다.

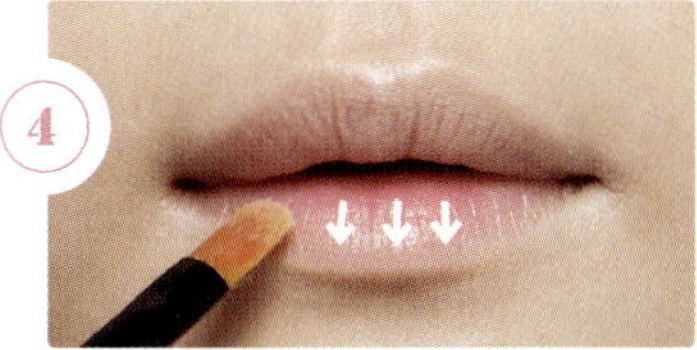

틴트가 착색되기 전에 브러시 또는 손가락으로 재빠르게 펼친다. 이때, 입술 전체에 균일하게 펴 바르지 말고 중앙에서 외곽으로 그라데이션한다. 입술 안쪽이 가장 진하고 바깥쪽은 거의 투명하게 표현해야 한다. 그래야 자연스러운 핑크 컬러를 연출할 수 있다.

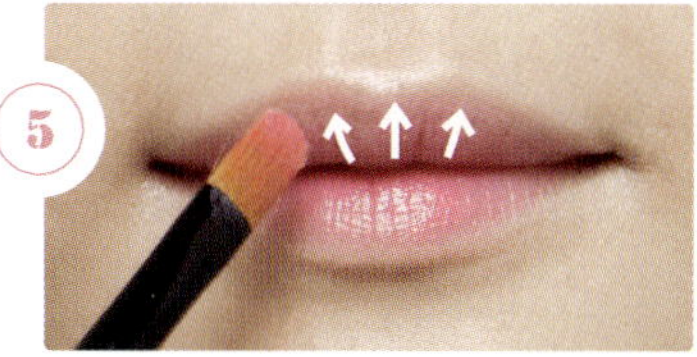

윗입술 역시 중앙 부위 안쪽이 가장 진하도록 그라데이션한다.

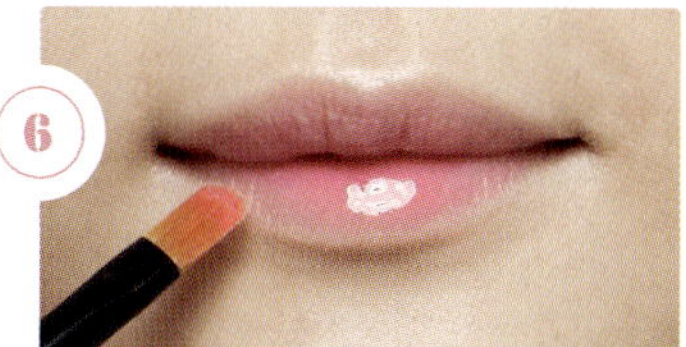

틴트가 완전히 말랐을 때 투명한 립 전용 탑코트 또는 미세한 펄이 있는 립글로스를 입술 전체에 덧바른다.

BEAUTY ADVICE

틴트를 바르면
입술 색이 칙칙해질까?

결론부터 말하면, 경우에 따라서 염료가 착색되어 입술 색이 변할 수도 있다. 하지만 대부분 잘못된 사용법으로 인해 비롯되는 문제다. 우선 틴트를 고를 때는 안전성 논란이 있는 타르색소가 첨가되었는지 따져봐야 한다. 인공색소는 착색이 될 수 있기 때문이다. 또, 보습이 잘 안 된 상태에서 틴트를 바르면 염료가 입술에 직접 닿아 착색될 위험이 있다. 틴트를 바르기 전에는 반드시 오일 성분이 함유된 립밤을 바르도록 해야 한다. 립밤으로 입술에 보호막을 씌우면 착색을 충분히 예방할 수 있다. 마지막으로 입술 자외선 차단에도 신경 써야 한다. 자외선을 받으면 염료가 착색될 가능성이 더욱 커지기 때문이다.

IT COSMETIC

베네피트 | 포지틴트
사랑스러운 핑크 컬러 입술을 위한 핑크빛 틴트. 과하지 않은 핑크 컬러로 자연스러운 립 컬러를 연출할 수 있다.

클리오 | 립니큐어 탑코트
끈적임 없이 촉촉한 입술 전용 탑코트. 틴트를 바른 입술 위에 덧바르면 컬러의 발색을 돕고 탐스러운 입술을 표현할 수 있다.

Perfect Makeup

PART 2
퍼펙트 메이크업

단점은 커버하고 장점은 부각시킨다!

패션, 뷰티의 영역이 모두 그러하듯, 장점을 부각시키고 단점을 보완하는 과정에서 우리는 가장 완벽한 균형을 찾게 된다. 메이크업으로 내 얼굴의 단점을 어떻게 보완할 수 있는지, 장점은 어떻게 부각시킬 수 있는지, 구체적인 방법을 제시한다.

아무리 예쁜 여배우라 해도 자신의 단점 서너 가지는 망설임 없이 얘기하곤 한다. 반면 장점은 찾지 못하겠다고 말하는 이들이 부지기수. 하지만 사람들의 얼굴에는 장점과 단점이 모두 존재한다. 다만 우리가 단점에 너무 집중하기 때문에 장점을 발견하지 못할 뿐.

대부분 메이크업을 전문가에게 맡기는 배우들이야 얼굴의 장단점을 크게 신경 쓰지 않아도 상관없다. 그러나 직접 메이크업을 해야 하는 일반인이라면 얘기는 달라진다. 장점을 파악하지 못한 채 단점 커버에만 급급해 자칫 과도한 메이크업을 하기 쉽다. 잊지 말자. 거울 속 자신의 얼굴에서 장점을 찾고 단점을 파악하는 일이 메이크업의 첫 단계다.

눈의 좌우가 어떻게 다른지, 코의 길이와 높이는 어떤지, 입술은 도톰한지 얇은지를 먼저 파악해 그에 맞는 메이크업 기술을 익히고 응용할 수 있어야 한다. 그래서 메이크업에서는 수학문제 풀 듯 답을 끌어내는 공식이 아닌 응용력이 더 중요하다.

기초 제품을 바르고 베이스 메이크업을 하고 아이 메이크업, 립 메이크업, 컨투어링 메이크업의 단계를 밟는 것이 흔히 생각하는 메이크업의 일반적인 순서. 그러나 현장에서 메이크업을 하다 보면 사람에 따라 순서에 늘 유동성이 존재한다. 예를 들어, 이목구비는 예쁘지만 입체감이 떨어지는 얼굴이라면 쉬머링 제품을 기초 단계에 발라 하이라이트를 먼저 주고 파운데이션 단계에 들어가는 식이다.

단점을 먼저 파악해 장점으로 변화시킬 수 있도록 기술을 응용하는 것. 그것이야말로 자신이 가장 아름다워질 수 있는 메이크업의 절대 기술이다. 그래서 공식이 아닌 각자 자신의 얼굴에 맞는 메이크업이 필요한 것이다.

블링블링 화사한 피부를 만드는
베이스 톤 업 스킬

안색은 메이크업에 있어서 가장 중요한 포인트. 화사하고 밝은 피부에 메이크업을 해야 원하는 컬러감과 질감을 제대로 표현할 수 있기 때문이다. 여배우들 역시 바쁜 스케줄과 불규칙한 일상으로 얼굴이 칙칙해 보일 때가 있다. 그럼에도 그녀들의 피부가 한결같이 화사한 이유는 칙칙한 피부 톤을 완벽하게 커버했기 때문. 무작정 하얀 피부를 연출한다고 화사한 베이스 메이크업이 되는 것은 아니다. 자신의 피부 톤에서 반 톤 정도만 밝게 표현하는 것이 피부를 가장 화사하게 표현하는 비결이다.

1 기초 제품을 꼼꼼히 바른 후, 메이크업 전에 다시 한 번 수분 에센스를 발라 촉촉한 피부를 만들어준다. 기초 케어의 마지막 단계이자 베이스 메이크업의 시작은 수분 공급이다.

2 기초 제품이 충분히 흡수되면 미스트를 뿌려 이중으로 수분을 공급한다. 자외선 차단 기능의 미스트를 이용하면 자외선 차단제를 생략해도 된다.

3 피부 속 조명을 켠 것처럼 화사한 안색을 만들기 위해 핑크 컬러의 메이크업 베이스를 활용한다. 미세한 펄감이 있는 오팔빛 핑크 베이스를 손가락을 이용해 볼, 턱, 이마 중심으로 얇게 펴 바른다.

4 손가락에 남아 있는 여분의 베이스로 눈가와 코 주변, 입 주변까지 꼼꼼하게 바른다. 경계가 생기거나 뭉치지 않도록 가볍게 톡톡 두드려준다.

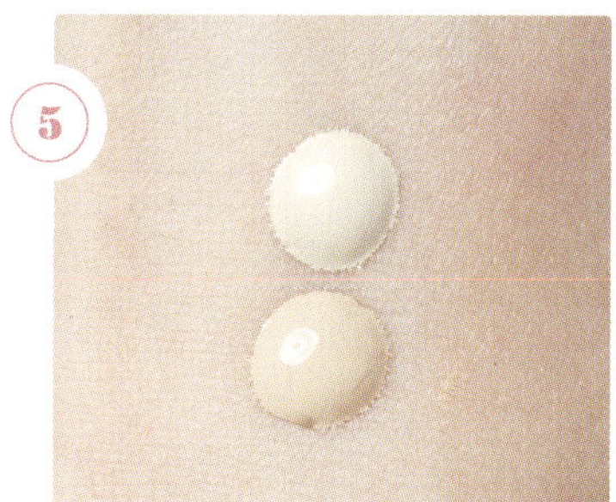

5 자신의 피부보다 반 톤 정도 밝게 표현해야 하므로 파운데이션 컬러의 선택이 중요하다. 정확한 컬러가 없다면 기존의 파운데이션과 한 톤 밝은 파운데이션을 1:1로 믹스해 준비한다.

6 자신의 피부보다 반 톤 밝은 컬러의 파운데이션을 사용해 볼, 턱, 이마를 중심으로 얇고 균일하게 펴 바른다. 브러시를 이용해 얼굴 중앙에서 바깥쪽으로 그라데이션하는 느낌으로 발라야 자연스러운 톤 조절이 가능. 여분의 파운데이션으로 눈, 코, 입가까지 꼼꼼하게 바른다.

⑦ 얼굴 외곽에는 원래 사용하는 파운데이션을 가볍게 발라 자연스러운 톤을 만든다. 밝은 파운데이션과 경계가 생기지 않도록 자연스럽게 그라데이션하는 것이 포인트.

⑧ 파운데이션의 밀착력을 높이고 브러시 결을 없애기 위해 라텍스를 사용해 가볍게 두드려준다.

⑨ 눈 밑 다크서클과 잡티를 컨실러로 꼼꼼하게 커버한다. 컨실러 브러시를 사용해 잡티를 커버하고 경계가 생기지 않도록 그라데이션한다.

⑩ 파우더 브러시에 투명 파우더를 묻혀 손등에서 가볍게 털어낸다. 얼굴 전체에 스치듯 가볍게 터치한다.

닥터 자르트 | 선 디펜드 미스트(SPF27 PA++)
자극 없는 자외선 차단과 피부 깊숙이 전달되는 보습을 한 번에 해결하는 마일드한 자외선 차단 미스트이다.

입생로랑 | 르 땡 뚜쉬 에끌라 꽁성트레 도르 로즈
미세한 펄 핑크 베이스로 얼굴에 자연스러운 광과 화사함을 선사한다. 실크같이 부드러운 리퀴드 포뮬라를 베이스로 활용해도 좋고 파운데이션과 블렌딩하여 가볍게 사용할 수도 있다.

메이크업포에버 | HD 파우더
입자가 아주 미세하고 사용감이 가벼워 유분을 완벽하게 잡아주며 매트하거나 답답해 보이지 않는다.

화사함을 살리는 베이스 메이크업 노하우

❶ 혈색 없이 창백한 피부 톤은 파운데이션을 바르기 전 핑크색 크림 블러셔를 볼 중앙에 바른다. 그 위에 파운데이션을 살짝 그라데이션해주면 건강하고 화사한 혈색을 표현할 수 있다.

❷ 피부 톤을 반 톤만 톤 업 시키려면 파운데이션 컬러를 잘 선택해야 한다. 만약 파운데이션을 고르지 못했다면 자신이 사용하는 파운데이션에 한 톤 밝은 파운데이션을 1:1 비율로 섞어서 사용하면 된다. 피부 톤이 어두울 경우, 자신이 사용하는 파운데이션과 한 톤 밝은 컬러의 파운데이션을 2:1 비율로 섞어서 사용한다.

❸ 톤 업 시킨 베이스 메이크업 컬러가 피부와 어울리지 않는 느낌이 들 때는 기존에 사용하던 컬러의 파운데이션을 얼굴 외곽에만 얇게 발라 자연스럽게 그라데이션한다. 얼굴 중심은 화사하고 외곽은 자연스러운 톤 업 효과를 연출할 수 있다.

❹ 피부가 건조함을 느끼는 순간 칙칙함이 더 심해진다. 그러므로 환절기 또는 계절에 따라 기초 단계를 더욱 신경 써서 해야 한다. 즉각적으로 수분 공급만 잘 이뤄져도 피부 톤이 한층 개선될 수 있다. 스킨으로 피부 결을 꼼꼼하게 정리한 후 에멀전, 에센스, 페이스오일, 크림 등으로 촉촉한 상태로 만들어준다.

❺ 미세한 펄이 들어 있는 메이크업 베이스를 사용하여 피부에 윤기를 부여한다. 핑크빛이 감도는 오팔 펄이 가미된 메이크업 베이스가 피부를 화사하게 만들 수 있다. 파운데이션 역시 칙칙한 옐로우 톤의 피부를 커버할 수 있도록 핑크빛이 가미된 컬러를 사용하는 것이 좋다.

울긋불긋 홍조 커버 베이스 메이크업

홍조 있는 피부를 가진 사람이라면 베이스 메이크업을 할 때마다 딜레마에 빠질 것이다. 커버력 좋은 파운데이션을 선택하면 두껍고 무겁게 피부 표현이 되고, 가볍게 피부 표현을 하면 어김없이 파운데이션을 뚫고 올라오는 홍조가 신경 쓰이기 때문이다. 홍조를 효과적으로 커버하면서도 두껍지 않은 베이스 메이크업을 연출하기 위해 고려할 것은 파운데이션의 커버력보다는 컬러다. 그린 컬러의 메이크업 베이스와 옐로우 톤의 파운데이션을 함께 사용하면 확실한 커버가 가능하다.

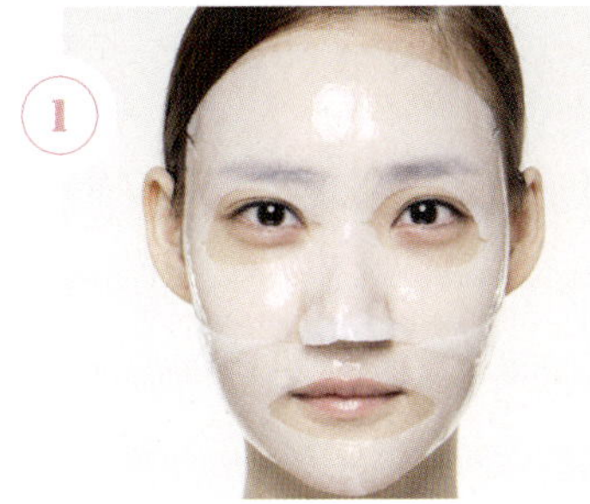

기초 제품을 바르기 전 홍조가 있는 부위에 차가운 팩을 올려 열기를 식힌다. 볼 부분에 사용할 수 있는 팩을 사용해도 좋고 젖은 녹차 티백을 냉장고에 넣어두었다가 활용해도 좋다.

그린 컬러의 메이크업 베이스 소량을 홍조 부위에만 얇게 펴 바른다. 손의 열이 전해지지 않도록 빠르게 바르고 두드려 밀착시킨다.

소량의 컨실러와 파운데이션을 믹스해 홍조 부위를 한 번 더 커버한다. 기존의 파운데이션에 옐로우 톤의 크리미한 컨실러를 믹스해 사용하면 된다. 파운데이션 브러시를 이용해 피부 결을 따라 얼굴 중앙에서 외곽 쪽으로 균일하게 바른다.

홍조 부위를 제외한 나머지 부분에 핑크빛이 감도는 파운데이션을 브러시로 얇게 펴 바른다. 홍조를 커버한 베이스와 경계가 생기지 않도록 자연스럽게 그라데이션한다.

파운데이션의 밀착력을 높이고 브러시 결을 없애기 위해 라텍스를 사용해 가볍게 두드려준다.

바로 7번 과정으로 넘어가도 되지만 더 진한 홍조를 커버하려면 하드 타입의 옐로우 컨실러를 홍조 부위에 바르고 브러시를 이용해 자연스럽게 그라데이션하면 효과적으로 커버할 수 있다.

입자가 곱고 지속력이 좋은 파우더를 퍼프에 묻힌다. 손등에서 몇 번 두드려 양을 조절한 후 홍조 부위에 톡톡 두드려 베이스 메이크업을 고정한다.

시간이 지나면서 다시 홍조가 올라올 수 있기 때문에 메이크업의 지속력을 높일 수 있는 픽서를 사용한다. 얼굴 전체에 균일하게 뿌려 충분히 수분을 공급한다.

IT COSMETIC

나스 | 래디언트 크리미 컨실러 '커스터드 미디엄 1'
촉촉한 텍스처로 가볍게 밀착되고 피부 결점을 완벽하게 커버할 만큼 커버력이 좋다. 커스터드 미디엄 1은 노란 빛이 도는 컬러로 다크서클, 트러블, 붉은 트러블 부위에 사용하면 좋다.

헤라 | HD 픽스 파운데이션 'P21 핑크베이지'
자연스러운 촉촉함과 함께 과하지 않은 핑크빛이 얼굴을 화사하게 밝혀준다.

바비브라운 | 페이스 터치업 스틱 '샌드'
스틱 제형으로 원하는 부위에만 톡톡 찍어 커버할 수 있고 발림성이 좋아 덧바를 시 뭉치지 않는다.

쏘내추럴 | 올데이 타이트 메이크업 세팅 픽서
파운데이션의 밀착력을 높여주는 메이크업 픽서 제품. 얇은 코팅막이 형성되어 가벼운 윤기가 돌아 피부가 좋아 보이는 효과가 있다.

BEAUTY ADVICE

홍조 커버를 위한
5가지 핵심 스킬

① 기초 단계 전 차가운 팩을 사용해 얼굴의 열기를 식힌다. 열감이 있는 피부에 그대로 베이스 메이크업을 하면 커버하는 도중에 메이크업이 뜨게 된다. 때문에 베이스 메이크업이 밀리거나 뭉칠 수 있다.

② 열감이 느껴지는 홍조 피부는 기초부터 브러시를 사용하는 것이 좋다. 피부의 온도를 낮춰 베이스가 들뜨는 것을 예방하고 촉촉함을 증가시킬 수 있다.

③ 옐로우 톤이 도는 파운데이션으로 홍조 부위만 커버하고 나머지 부분은 핑크 톤의 파운데이션으로 화사함을 준다. 옐로우 톤의 파운데이션으로 얼굴 전체를 균일하게 커버하면 결과적으로 붉은 홍조 부위를 커버하는 효과는 얻을 수 없다. 오히려 칙칙한 느낌을 줄 수 있으니 반드시 핑크 톤의 파운데이션과 함께 사용한다.

④ 본인이 사용하던 파운데이션에 옐로우 톤의 크리미한 컨실러를 믹스해 사용하면 촉촉함을 그대로 유지하면서 홍조를 커버할 수 있다. 커버력이 부족하다면 약간 더 하드한 옐로우 컨실러로 가볍게 두드려 이중 커버하면 효과적이다.

⑤ 파우더를 바를 때는 브러시가 아닌 퍼프를 사용한다. 파운데이션으로 커버한 홍조 부위를 퍼프로 눌러 한 번 더 밀착시킨다. 이때, 손에 너무 힘을 줘서 꾹꾹 누르면 차곡차곡 쌓아 커버한 베이스 메이크업이 무너질 수 있다. 최대한 손에 힘을 빼고 가볍게 두드리는 것이 포인트.

노안을 부르는 **다크서클 완벽 커버 메이크업**

눈 밑 다크서클은 피곤한 인상을 줄 뿐 아니라 실제 나이보다 훨씬 나이 들어 보이게 한다. 하지만 무조건 커버한다고 능사가 아니란 사실. 자신의 다크서클이 어떤 유형인지부터 파악해야 한다. 색소 침착으로 나타나는 갈색빛인지, 혈관에 의해 나타나는 보랏빛인지, 지방에 의해 꺼지는 현상이 나타난 것인지, 유형에 맞는 처방을 해야 완벽한 커버가 가능하다.

갈색빛이 도는 다크서클

검붉은 색으로 어둡게 나타나는 갈색 다크서클은 눈 밑 지방 색소의 침착이 원인이다. 심한 스트레스나 색조 화장에 의한 색소 침착이 원인이 되는 경우도 있지만 무심코 눈을 비비는 습관에 의해 생기기도 하니 주의할 것. 대부분 옐로우 톤의 피부에서 갈색 다크서클이 더욱 도드라진다. 연한 살굿빛이 도는 베이지 톤의 베이스로 다크서클을 1차 보정한 뒤 연한 핑크빛이 도는 컨실러를 사용해 가장 진한 부분을 중심으로 발라주면 된다.

다크서클을 커버하기 전 아이 크림을 바르면 컨실러의 밀착력을 높여 효과적으로 다크서클을 커버할 수 있다.

아이 크림이 충분히 흡수되면 얼굴 전체에 미스트를 뿌려 수분을 공급한다. 자외선 차단 기능의 미스트를 이용할 경우 자외선 차단제 바르는 과정을 생략해도 좋다.

눈가를 화사하게 밝혀주는 아이 브라이트너를 다크서클 부분에 2~3개 찍은 후 라텍스로 두드려 밀착시킨다. 단, 눈을 감았을 때 속눈썹에 닿지 않을 정도의 부분에만 발라야 아이 메이크업이 번지지 않는다.

연한 살굿빛이 도는 베이지 톤의 파운데이션을 사용해 다크서클을 일차적으로 커버하면서 전체 피부 톤을 정돈한다. 파운데이션 브러시를 사용해 얇고 균일하게 도포한다.

브러시의 결을 없애고 파운데이션을 밀착시키기 위해 라텍스 스펀지로 가볍게 두드린다. 특히 눈 밑 다크서클 부위를 꼼꼼하게 두드려 밀착력을 높이는 것이 포인트. 눈두덩 위까지 톤을 균일하게 정돈하는 것이 좋다.

연한 핑크빛이 감도는 다크서클 전용 컨실러를 사용해 눈가를 다시 한 번 커버한다. 컨실러 브러시를 사용해 좌우로 쓸어주며 균일하게 도포한다.

눈두덩 위도 같은 방법으로 갈색빛을 커버한다.

미세한 펄이 있는 파우더를 부드러운 브러시에 묻혀 눈두덩과 다크서클 부위에 섬세하게 펴 바른다.

푸른빛이 도는 다크서클

피부가 얇은 사람들은 눈 밑 혈관이 비쳐 푸르스름한 다크서클이 생기기 쉽다. 붉은 피부 톤을 가진 사람의 다크서클은 보랏빛이나 검푸른색으로 나타나기도 한다. 스트레스나 과로로 몸이 피곤할 경우 혈류가 막히고 혈액이 탁해지기 때문에 다크서클이 더욱 심해질 수 있다. 평소 혈액순환이 원활하게 되도록 눈가 마사지를 수시로 해주는 것이 좋다. 그리고 옐로우 베이지 톤의 파운데이션을 전체적으로 얇게 발라준 뒤 옐로우 컬러의 아이 컨실러를 사용하면 효과적이다.

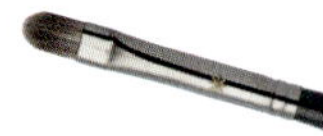

① 다크서클을 커버하기 전 아이 크림을 바르면 컨실러의 밀착력을 높여 효과적으로 다크서클을 커버할 수 있다.

② 아이 크림이 충분히 흡수되면 얼굴 전체에 미스트를 뿌려 수분을 공급한다. 자외선 차단 기능의 미스트를 이용할 경우 자외선 차단제 바르는 과정을 생략해도 좋다.

③ 눈가를 화사하게 밝혀주는 아이 브라이트너를 다크서클 부분에 2~3개 찍은 후 라텍스로 두드려 밀착시킨다. 단, 눈을 감았을 때 속눈썹에 닿지 않을 정도의 부분에만 발라야 아이 메이크업이 번지지 않는다.

④ 옐로우 베이지 톤의 파운데이션을 사용해 다크서클을 일차로 커버하면서 전체 피부 톤을 정돈한다. 파운데이션 브러시를 사용해 얇고 균일하게 도포한다.

⑤ 브러시의 결을 없애고 파운데이션을 밀착시키기 위해 라텍스 스펀지로 가볍게 두드린다. 특히 눈 밑 다크서클 부위를 꼼꼼하게 두드려 밀착력을 높이는 것이 포인트. 눈두덩 위까지 톤을 균일하게 정돈하는 것이 좋다.

⑥ 옐로우 톤의 컨실러를 사용해 눈가를 다시 한 번 커버한다. 컨실러 브러시를 사용해 좌우로 쓸어주며 균일하게 도포한다.

⑦ 눈두덩 위도 같은 방법으로 푸른빛을 커버한다.

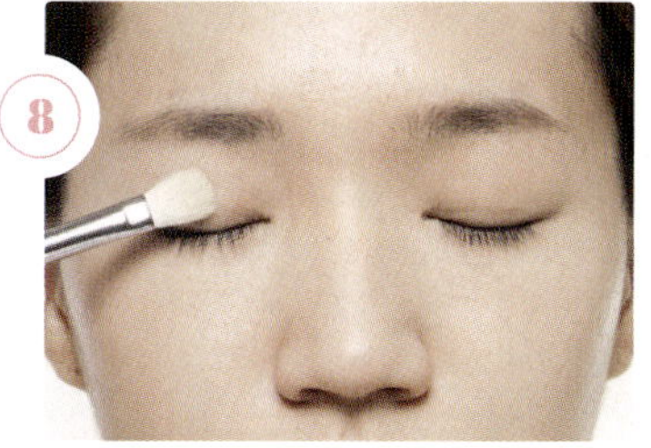

⑧ 미세한 펄이 있는 파우더를 부드러운 브러시에 묻혀 눈두덩과 다크서클 부위에 섬세하게 펴 바른다.

지방이 꺼져 생기는 그늘진 다크서클

눈 밑 지방이 꺼지면서 나타나는 그늘진 다크서클은 원래 나이보다 훨씬 더 노안으로 보이게
한다. 푹 꺼진 눈가를 아이 브라이트너로 밝게 커버하면 그늘진 다크서클이 커버되면서 꺼진
부분이 채워진 듯 착시현상을 줄 수 있다. 또 지방이 꺼져 나타난 다크서클은 눈가의 잔주름을
도드라져 보이게 할 수 있다. 반드시 탄력과 보습을 동시에 해결할 수 있는 고농축의 아이 크림
을 충분히 바르고, 촉촉하고 크리미한 제형의 컨실러로 얇게 커버하는 것이 중요하다.

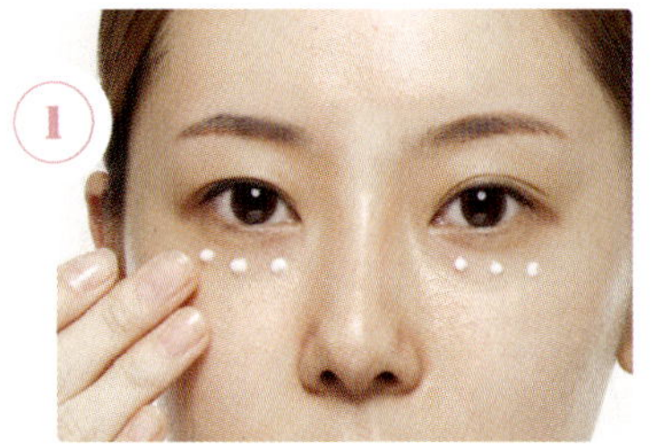

눈가에 탄력을 주는 고농축 아이 크림을 발
라서 영양을 주고 촉촉하게 피부를 유지시
킨다.

아이 크림이 충분히 흡수되면 얼굴 전체에
미스트를 뿌려 수분을 공급한다. 자외선 차
단 기능의 미스트를 이용할 경우 자외선 차
단제 바르는 과정을 생략해도 좋다.

눈가를 화사하게 밝혀주는 아이 브라이트너
를 눈 밑 꺼진 부위에 2~3개 찍은 후 라텍스
로 두드려 밀착시킨다. 눈가 전체에 바르지
말고 꺼진 부위에만 바르는 것이 포인트.

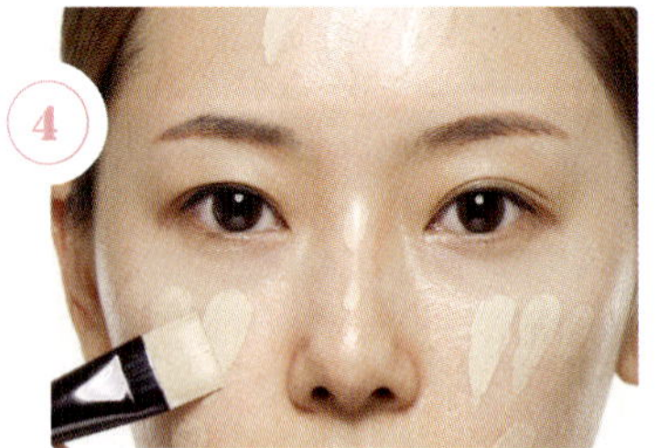

옐로우 베이지 톤의 파운데이션을 사용해
다크서클을 일차로 커버하면서 전체 피부
톤을 정돈한다. 파운데이션 브러시를 사용
해 최대한 얇고 균일하게 도포한다.

브러시의 결을 없애고 파운데이션을 밀착시
키기 위해 라텍스 스펀지로 가볍게 두드린
다. 특히 눈 밑 꺼진 부위를 꼼꼼하게 두드려
밀착력을 높이는 것이 포인트. 눈두덩 위까
지 톤을 균일하게 정돈한다.

크리미한 제형의 옐로우 톤 컨실러를 눈 밑
꺼진 부분에 얇게 펴 바른다.

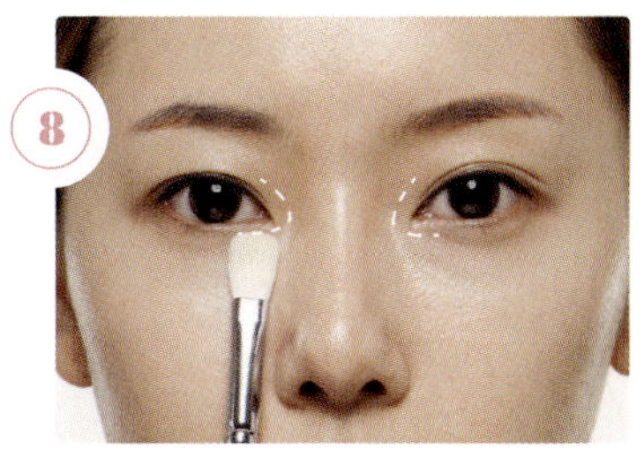

눈 밑 다크서클 전체를 다시 한 번 얇게 커버
한다. 주름이 심한 경우 컨실러를 두껍게 바
르면 오히려 부각될 수 있으니 한 번에 커버
하기보다 최대한 얇게 여러 번 덧바르는 것
이 포인트.

파우더를 눈 밑 전체에 바르는 것은 피하는
것이 좋다. 은은한 펄이 가미 된 파우더를 눈
앞머리에만 콕 찍어 발라 하이라이트를 준
다. 피부 톤보다 맑은 샴페인 골드나 옐로우
계열의 파우더를 선택하면 눈매가 환해 보
이는 효과가 있다.

IT COSMETIC

입생로랑 | 뚜쉬 에끌라
샤프식으로 되어 있는 컨실러. 사용이 간편하고 핑크빛이 은은하게
감돌아 즉각 화사함을 부여한다.

조르지오 아르마니 | 마이크로 필 루즈 파우더
입자가 곱고 펄감이 자연스러워 부드러운 화사함을 선사한다. 생기
부여와 동시에 피부 결을 보완해준다.

베네피트 | 이레이즈 페이스트
다크서클 전용 컨실러. 에센스를 머금은 듯 부드럽고 촉촉해서 가볍
게 발리고 메이크업 전후 모두 사용 가능하다.

나스 | 래디언트 크리미 컨실러 '커스터드 미디엄 1'
크리미한 질감의 옐로우 톤 컨실러. 커버력이 뛰어나 눈 밑 꺼진 부분
에 드러난 음영을 확실하게 커버할 수 있다.

BEAUTY ADVICE

다크서클 커버할 때
알아둘 것

**❶ 다크서클 커버에 아이 브라이트너를 사용하는
이유?**
아이 브라이트너는 눈가를 밝혀 화사한 얼굴을 연
출하는 메이크업 제품이다. 마치 여배우들이 촬영
할 때 조명판을 댄 듯 화사함을 줄 수 있는 베이스
메이크업의 비밀병기인 셈이다. 아이 브라이트너
로 눈가의 칙칙함을 보완하면서 눈가 톤을 균일하
게 보정하면 컨실러의 밀착력을 높여 좀 더 깨끗하
게 다크서클을 커버할 수 있다.

❷ 다크서클 커버를 위한 컨실러 선택 노하우
다크서클을 커버하기 위해 피부 톤보다 밝은 컨실러
를 사용할 경우 오히려 다크서클이 부각될 수 있다.
피부 톤보다 약간 어두운 컬러의 컨실러로 톤을 보
정한 후, 다크서클 유형에 맞는 컨실러를 선택해 꼼
꼼하게 커버하는 것이 가장 이상적인 방법이다. 주
름이 심한 경우 컨실러를 두껍게 발라 커버하면 오
히려 주름이 부각될 수 있으니 최대한 얇게 덧발라
야 한다.

단정하고 예쁜 이마 만들기, **헤어라인 메이크업**

깔끔하게 정돈된 헤어라인은 우아함과 세련미를 동시에 어필할 수 있는 큰 무기. 이마와 헤어의 경계선을 다듬는 헤어라인 메이크업은 얼굴을 훨씬 더 어려 보이게 만드는 동안 메이크업의 필수 조건이다. 헤어라인 메이크업이 필요 없을 정도로 단정하고 예쁜 이마를 가진 여배우는 단연 엄지원이다. 특별한 테크닉 없이도 그녀의 이목구비가 단아하면서도 세련돼 보일 수 있었던 이유 중 하나가 바로 그녀의 깔끔한 헤어라인이라고 할 수 있다.

1 기초 단계를 모두 마치고 다시 한 번 수분 에센스를 발라 충분히 수분을 공급한다. 촉촉한 피부 표현은 동안 메이크업의 필수 조건이다.

2 수분 에센스가 충분히 흡수되면 다시 한 번 미스트를 뿌려 수분을 공급한다. 자외선 차단 기능의 미스트를 이용하면 따로 자외선 차단제 바르는 과정을 생략해도 좋다.

3 가벼운 질감의 리퀴드 파운데이션에 비비크림을 1:1로 믹스한다. 밀착력이 우수하면서도 촉촉한 피부 연출이 가능하다. 파운데이션 브러시를 이용해 얼굴 안쪽에서 바깥쪽으로 결 따라 얇게 펴 바른다.

4 기존의 파운데이션보다 한 톤 어두운 컬러의 파운데이션을 얼굴 외곽에 가볍게 발라 페이스라인을 정리한다. 파운데이션 브러시를 이용해 베이스 메이크업과 자연스럽게 블렌딩하며 경계를 없앤다.

5 파운데이션의 밀착력을 높이고 브러시 결을 없애기 위해 라텍스를 사용해 가볍게 두드려준다.

6 펄이 없는 짙은 컬러의 브라운 섀도를 탄성이 뛰어난 브러시에 묻힌다. 분첩이나 손등에서 섀도의 양을 조절한 후 헤어라인 사이사이 비어 있는 공간을 꼼꼼하게 채운다.

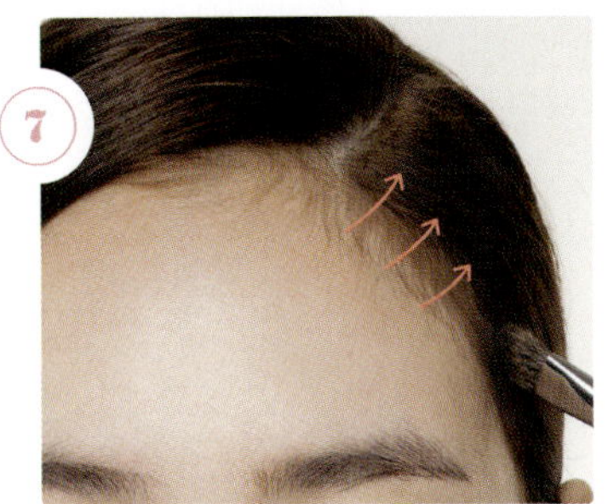

이마와 헤어라인의 경계가 뚜렷해지지 않도록 두피 쪽으로 자연스럽게 그라데이션한다.

이마 옆 부분의 헤어라인도 같은 방법으로 정리한다. 머릿결을 따라 브러시를 이용해 섀도를 발라 빈 공간을 채우고 자연스럽게 그라데이션한다.

헤어라인 정리가 끝나면 펄이 살짝 가미된 파우더나 하이라이터를 이용해 이마 중앙에 하이라이트를 넣는다. 볼록한 동안 이마를 연출할 수 있다.

IT COSMETIC

에뛰드 하우스 | 룩 앳 마이 아이즈 카페 'BR402 카페 모카'
다크 브라운 섀도로 모발 컬러와 그라데이션이 되고 두피에도 가볍게 묻어나 헤어라인을 자연스럽게 채울 수 있다.

피카소 | 725 헤어라인 브러시
모가 사선으로 빽빽하게 채워져 있어 제품을 묻혀 헤어라인을 채울 때 발림성이 좋다.

맥 | 하이퍼리얼 프레스트 파우더 수퍼화이트
은은한 펄이 함유된 하이라이터로 과하지 않은 광채가 자연스럽게 볼륨감을 연출해준다.

BEAUTY ADVICE

헤어라인 제품 선택하기 요령

❶ 헤어라인 제품 어떤 걸 골라야 할까?
시중에서 쉽게 구할 수 있는 헤어라인 정리 제품을 사용해도 좋지만 헤어 컬러와 비슷한 짙은 브라운의 섀도를 사용해도 된다. 다만 지나치게 붉은 기가 돌거나 펄이 있으면 오히려 헤어라인이 더욱 도드라져 보일 수 있으니 피하는 것이 좋다.

❷ 헤어라인 교정 브러시 선택 포인트
일반적으로 섀도를 바를 때 사용하는 브러시보다 탄성이 좋은 브러시를 사용해야 한다. 두피 안까지 커버해야 하기 때문에 브러시에 힘이 있어야 좋다. 반면 헤어라인은 모발의 결을 따라 섬세하게 커버해야 하므로 끝이 너무 뭉툭한 브러시는 좋지 않다. 적당한 두께감을 가진 탄성 있는 브러시를 선택할 것.

번들거림 없이 매끈하게! 모공 커버 메이크업

번들거리는 피부를 만드는 주범은 바로 늘어진 모공. 모공을 얼마나 효과적으로 커버하느냐에 따라 보송보송 매끈한 피부 만들기가 결정된다. 한 번 넓어진 모공은 되돌리기 힘들어 예방만이 최선의 길. 하지만 이미 늘어졌다고 체념하고 방치한 채 색조 화장에만 공들여봐야 결국 메이크업의 완성도는 떨어질 수밖에 없다. 늘어난 모공을 채우고 두드려 커버하는 것이 최상의 방법이다.

기초 제품을 바른 후 티슈를 이용해 얼굴에 남아 있는 유분을 제거한다.

자외선 차단 기능의 미스트를 뿌려 수분을 공급하고 완전히 흡수되도록 손으로 충분히 두드린다.

모공이 가장 도드라지는 코 주변과 양 볼에 피지를 잡아주는 모공 프라이머를 소량 바른다. 이때 톡톡 두드려 바르지 말고 모공을 채운다는 느낌으로 손가락을 가볍게 굴려서 바르면 된다.

가벼운 질감의 메이크업 베이스를 손으로 얇고 균일하게 펴 바른다.

모공을 커버하기 위해 파운데이션을 바를 때는 라텍스를 사용하는 것이 효과적이다. 모공 안을 채워주듯 라텍스를 얼굴 안쪽에서 바깥쪽으로 밀며 터치한다.

파운데이션의 밀착력을 높이고 결을 없애기 위해 라텍스로 가볍게 두드린다.

피지 흡착 기능이 있는 모공 파우더를 피부에 고르게 펴 바른다. 모공 파우더를 바를 때는 손에 힘을 빼고 파우더 브러시로 원을 그리며 모공 사이사이를 채우는 것이 포인트다.

모공 메이크업 제품 사용 설명서

❶ 기초 제품

유분이 많은 기초 제품은 파운데이션이 밀릴 수 있으므로 피하는 것이 좋다. 알코올 성분이 포함된 기초 제품 또한 결과적으로는 피지 분비를 유발하기 때문에 피하는 것이 좋다. 기초 제품을 바른 후에는 잘 흡수되도록 충분히 두드려주고 티슈를 이용해 유분을 제거하는 과정이 필요하다.

❷ 베이스 제품

모공을 채워 매끈한 결을 만드는 모공 프라이머. 하지만 욕심을 내서 너무 많은 양을 바르면 오히려 파운데이션이 뭉치거나 밀릴 수 있으니 소량만 바르는 것이 좋다. 브러시를 이용해 모공 사이사이에 프라이머가 들어가 채워질 수 있도록 피부 결을 정리하면 된다. 턱과 미간에 모공이 넓은 사람은 많지 않지만 이 부위를 커버해야 한다면 아주 소량의 프라이머를 이용하도록 한다. 이마와 턱의 파운데이션이 두꺼워지면 전체적으로 메이크업이 두꺼워 보일 수 있다.

❸ 펄 제품

모공을 커버하기 위해 펄 제품을 사용하는 것은 반드시 피해야 한다. 모공은 윤광 메이크업을 할 때 더 도드라져 보이기 때문이다. 미세한 펄 입자가 함유된 파우더를 이마, 턱 부위에 소량 사용할 수는 있지만 볼 전체에 사용하는 것은 모공을 부각시킬 수 있으니 주의할 것.

❹ 클렌징 제품

모공 커버 메이크업을 했을 때는 모공 사이사이에 프라이머, 메이크업 베이스, 파운데이션, 파우더까지 껴 있을 수 있으니 클렌징에 각별히 신경 써야 한다. 모공 청소 기능이 있는 클렌징 제품을 얼굴에 바르고 2~3분 후에 씻어 내거나 모공 클렌징 브러시를 사용해 꼼꼼하게 클렌징한다.

IT COSMETIC

바닐라코 | 프라이머 클래식
모공과 잔주름 등으로 인한 피부의 굴곡을 실키하고 부드럽게 잡아주며 메이크업을 위한 최적의 피부 상태를 만들어준다.

메이크업포에버 | HD 파운데이션
미세하고 가벼운 텍스처로 실크처럼 부드럽고 바르기 쉬운 것이 특징이다. 피부 결점은 완벽하게 커버해주면서 자연스럽고 투명한 피부를 표현할 수 있다.

이니스프리 | 노세범 미네랄 파우더
물보다는 유분과 친한 파우더로 피부 위 과잉 피지를 쏙쏙 흡착시켜 보송하고 화사한 피부 연출이 가능하다. 볼륨감을 연출해준다.

자신 있게 웃을 수 있다!
눈가 잔주름 커버 메이크업

웃을 때 생기는 주름은 애교 주름이라 괜찮다며 서로를 격려하던 때는 지났다. 여성들에게는 미세한 잔주름마저도 거울 앞을 떠나지 못하도록 만드는 스트레스 요소. 게다가 눈가 잔주름을 커버하려고 노력하다 보면 메이크업이 점점 두꺼워지고 주름 사이사이 베이스 메이크업이 끼는 사태까지 벌어진다. 잔주름을 커버하는 첫 번째 원칙은 베이스 메이크업을 최대한 얇게 해야 한다는 것. 잔주름을 지우고 덮겠다는 욕심으로 파운데이션을 바르지 말고 촉촉한 피부 결을 만드는 데 집중하는 편이 좋다.

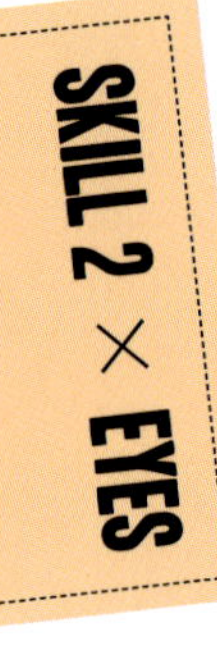

기초 제품을 바르고 메이크업 전에 다시 한 번 수분 에센스를 발라서 촉촉한 피부를 만든다.

수분 에센스가 충분히 흡수되면 다시 한 번 미스트를 뿌려 수분을 공급한다. 자외선 차단 기능의 미스트를 이용하면 따로 자외선 차단제 바르는 과정을 생략해도 좋다.

가벼운 질감의 리퀴드 파운데이션을 브러시를 이용해 얇고 균일하게 펴 바른다. 브러시에 힘을 빼고 각을 세워 안에서 바깥쪽, 지그재그로 결을 따라 바르면 된다. 볼, 이마, 턱 부위를 중심으로 먼저 커버한다.

브러시에 묻은 여분의 파운데이션으로 눈 밑, 코 옆, 입가를 세밀하게 터치한다.

라텍스에 미스트를 충분히 뿌려준다. 라텍스가 피부와 파운데이션의 수분을 흡수하지 않아 촉촉한 메이크업이 가능하다.

파운데이션의 밀착력을 높이고 결을 없애기 위해 라텍스로 가볍게 두드린다.

파우더를 많이 사용할 경우 피부가 건조해져 주름이 부각될 수 있다. 소량의 파우더만 브러시에 묻혀 페이스라인과 피지가 올라오는 볼 주변만 가볍게 터치한다. 눈가에는 파우더를 바르지 않는다.

헤어 컬러와 맞는 아이브로우 마스카라를 이용해 자연스럽게 연출한다. 눈썹 결 반대로 빗고 다시 눈썹 결대로 빗어 컬러를 균일하게 만드는 게 포인트.

주름이 부각되지 않으려면 크리미한 느낌으로 아이섀도를 연출해야 한다. 섀도를 바르기 전 아이 프라이머 섀도를 눈두덩에 전체적으로 가볍게 펴 발라 섀도가 뭉치지 않고 오래 유지되도록 한다.

베이지 톤의 크림 섀도를 눈두덩과 언더라인에 얇게 펴 바른다. 가루 타입의 섀도를 사용하면 눈가 주름이 더욱 부각될 수 있으니 크림 타입의 섀도를 이용해 촉촉한 눈가를 연출한다.

은은한 펄이 있는 살구나 골드 톤의 섀도를 소량만 브러시에 묻혀 가볍게 터치한다. 쌍꺼풀 라인까지만 얇게 발라 자연스러운 색감과 음영을 연출한다.

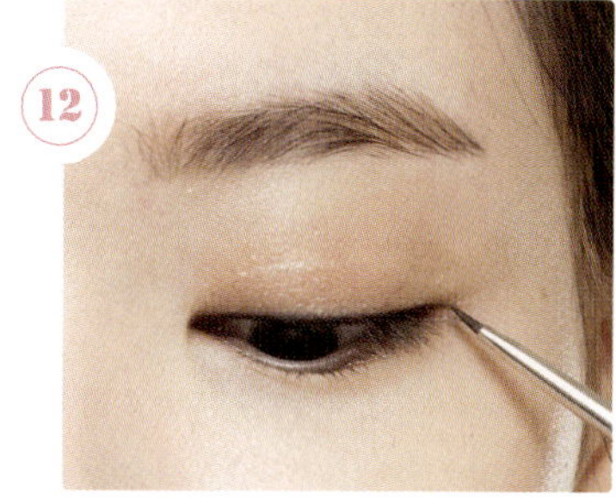

짙은 아이라인을 그리면 눈가로 시선을 모아 잔주름이 도드라져 보일 수 있다. 블랙 젤 타입의 아이라이너를 이용해 속눈썹 사이사이 점막을 꼼꼼하게 채워 최대한 자연스럽고 얇게 라인을 그린다. 눈꼬리는 2~3mm 정도만 가늘게 뺀다.

뷰러를 이용해 속눈썹 뿌리부터 끝까지 3단계에 걸쳐 집어주며 컬을 만든다.

마스카라로 속눈썹 윗면을 한 번 쓸어내리고 뿌리부터 꼼꼼하게 마스카라를 바른다. 속눈썹의 컬만 살리는 정도로 가볍게 바르는 것이 포인트.

눈을 중심으로 양쪽 측면 부위를 C존이라고 한다. C존 부위를 은은한 펄감이 느껴지는 파우더를 이용해 하이라이트를 준다. C존에 시선이 모아져 눈 밑 잔주름이 상대적으로 부각되지 않는다.

IT COSMETIC

나스 | 스머지 프루프 아이섀도 베이스
아이섀도가 번지거나 뭉치는 것을 방지해주는 아이 프라이머 제품. 바르는 즉시 건조되어 예민한 눈가 피부를 자극하지 않는다.

미샤 | 더 스타일 모노터치 섀도 'CBE01'
소프트하고 크리미하게 발려 눈가가 촉촉하게 유지되도록 표현해준다. 다른 섀도를 덧발랐을 시 선명한 컬러가 유지될 수 있게 발색력을 높여준다.

로라메르시에 | 매트 레디언스 베이크드 파우더 '하이라이트 01'
새틴 같은 질감으로 매우 부드럽게 발려 피부에 편안함까지 선사한다. 시간이 지나도 다크닝 현상이나 건조함 없이 빛나는 피부를 연출할 수 있다.

BEAUTY ADVICE

잔주름 커버 메이크업의 3대 원칙

❶ 수분을 충분히 공급하라
베이스 메이크업을 얇게 하는 대신 기초 과정에서 충분한 수분을 공급해야 한다. 촉촉한 수분감 없이 매트한 피부에서 잔주름은 더욱 도드라진다. 파운데이션을 바르는 브러시, 밀착력을 높이는 과정에서 사용하는 라텍스 스펀지에 모두 미스트를 뿌려 사용하면 충분한 수분감을 표현할 수 있다.

❷ 파우더는 소량만 사용하라
기초 제품을 공들여 발라 수분을 충전한 피부에 파우더를 발라 수분감을 빼앗을 필요는 없다. 피지가 많이 분비되는 피부 타입이라면 볼 부분에 소량의 파우더를 사용하고 페이스라인 위주로만 소량의 파우더를 사용해야 한다.

❸ C존 부위 하이라이트로 시선을 분산시켜라
완벽하게 잔주름을 커버하고, 더 나아가 잔주름을 감쪽같이 지우는 메이크업은 존재하지 않는다. 시선을 분산시키거나 광채를 살려 잔주름이 부각되지 않도록 하는 것이 가장 이상적인 방법이다. C존 부위를 밝고 화사하게 만들면 눈가 잔주름이 도드라져 보이지 않는 효과를 기대할 수 있다.

작은 눈매를 위한
시크 아이 메이크업

이름만 들어도 짙은 아이라인이 떠오르는 여자 스타가 있다. 스모키 메이크업에 유독 집착하는 그녀. 방송에서 그녀를 볼 때면 시크함과 카리스마까지 느껴진다. 자존심과도 같다고 말하는 그녀의 짙은 아이라인은 민낯을 공개하면서 더욱 화제가 됐다. 아이라인 하나로 작은 눈매가 상상 이상으로 길고 또렷하게 커진다는 것을 모두가 확인했기 때문이다. 아이라인과 짙은 컬러의 섀도를 적절하게 사용하면 과한 스모키 메이크업이 아니더라도 작은 눈매를 얼마든지 길고, 또렷하게, 도시적인 느낌으로 바꿀 수 있다.

아이라인에 포인트를 주는 메이크업을 할 때는 아이브로우 컬러를 진하게 표현하지 않는 것이 좋다. 밝은 브라운 컬러의 아이브로우 마스카라를 이용해 눈썹 결을 따라 빗어준다.

섀도의 밀착력과 발색력을 높이는 스킨 톤의 아이 베이스를 눈두덩 전체에 고르게 펴 바른다. 아이 베이스가 없다면 펄 없는 스킨 톤의 아이섀도를 활용해도 좋다.

연한 베이지 컬러의 섀도를 아이홀 부분에 펴 바른다.

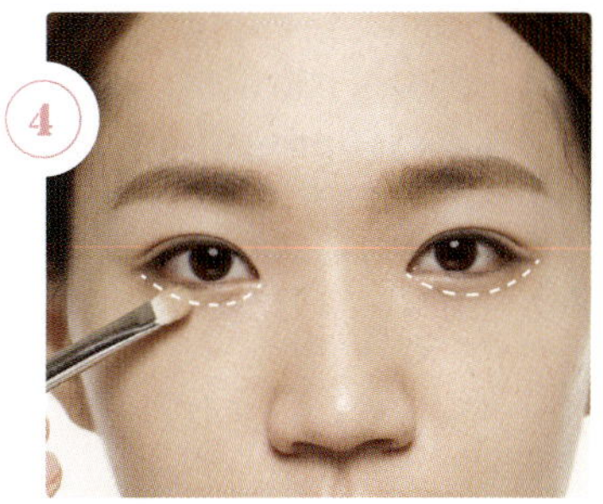

베이스 섀도와 동일한 컬러의 섀도를 눈 밑 언더라인 부분에 펴 발라 연결성 있게 해준다.

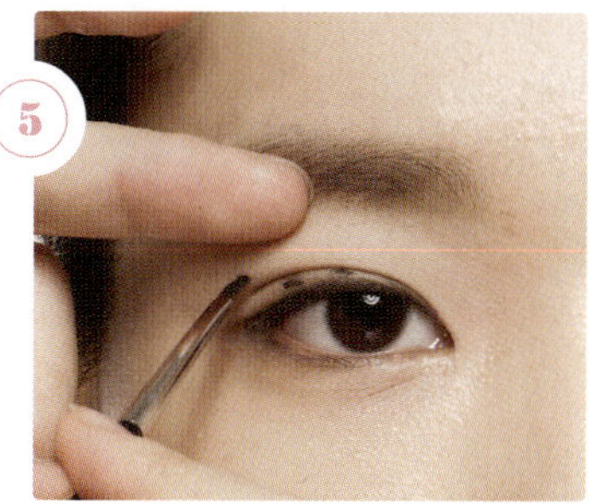

블랙 젤 라이너를 이용해 아이라인을 그려준다. 눈을 뜬 상태에서 어느 정도의 사이즈로 보이고 싶은지를 고려해 눈두덩에 3~4개의 점을 찍어둔다.

가이드라인 안쪽을 블랙 젤 라이너로 점막까지 꼼꼼하게 채워 그린다.

눈꼬리에서 라인을 살짝 들어 5~8mm 정도 날렵하게 빼서 그린다.

눈꼬리와 눈 밑 언더라인을 자연스럽게 연결한다. 눈꼬리 부분의 점막을 빈틈없이 꼼꼼하게 채워야 눈꼬리가 길어 보인다.

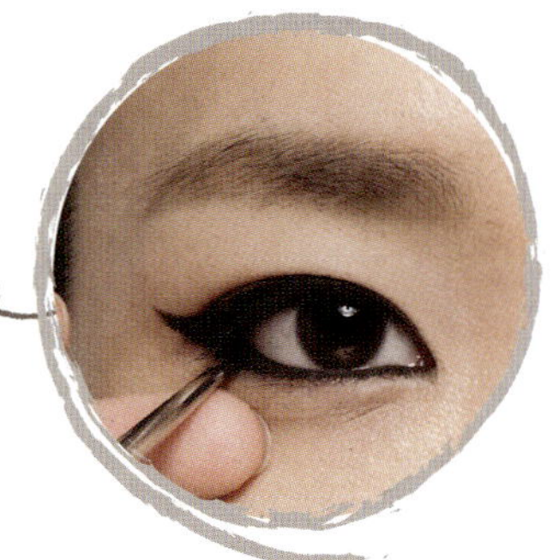

짙은 브라운 컬러의 섀도를 납작한 브러시에 묻혀 분첩이나 손등에 찍어 양을 조절한다. 아이라인 위에 가볍게 덧바른다.

뷰러를 이용해 속눈썹 뿌리부터 끝까지 3단계에 걸쳐 집어주며 컬을 만든다.

마스카라로 속눈썹 윗면을 한 번 쓸어내리고 뿌리부터 꼼꼼하게 마스카라를 바른다. 길고 풍성한 속눈썹을 연출해야 눈이 더 또렷해 보인다.

FINISH

Chic Eye Makeup

BEAUTY ADVICE

자연스럽게 아이라인 그리는 방법

❶ 가이드라인을 먼저 그린다. 두꺼운 라인을 그릴 때 3~4군데 점을 찍어 가이드라인을 잡아두면 초보자도 깔끔하고 자연스러운 라인을 그릴 수 있다.

❷ 발림성이 좋은 펜슬라이너로 먼저 라인을 그린 후 젤 또는 리퀴드 라이너로 얇게 덧발라 그리면 선명한 아이라인을 실수 없이 그릴 수 있다.

❸ 블랙 컬러만 사용하는 것이 부담스럽다면 아이라인의 가장 윗부분에 브라운 컬러의 아이라이너로 얇게 라인을 겹쳐 그린다. 그라데이션 효과로 좀 더 자연스러운 아이라인을 표현할 수 있다.

❹ 아이라이너를 그린 후 짙은 컬러의 섀도로 포인트를 준다. 포인트 섀도를 바르면 인위적인 라인을 자연스럽게 커버할 수 있다.

IT COSMETIC

나스 | 아이페인트 '블랙 밸리'
부드러운 질감의 젤 타입 아이라이너. 속눈썹 사이사이를 부드럽게 채워 자연스럽고 또렷한 눈매를 연출한다.

나스 | 싱글 아이섀도 '메콩'
골드와 믹스된 에스프레소 색상의 아이섀도. 발색력이 풍부하고 다른 컬러와 쉽게 블렌딩할 수 있다.

청순 아이 메이크업

도도한 고양이 눈매를 연출하고 싶지만 타고난 눈매가 그렇지 못하다면 애써 어울리지 않는 날카로운 메이크업을 고집할 필요가 없다. 처진 눈매를 잘 보완하면 청순함과 여성스러움을 어필해 훨씬 더 매력적인 눈매로 보일 수 있다. 고집을 버리고 생각을 바꿀 때, 아름다운 메이크업이 완성된다는 사실을 기억하자.

헤어 컬러와 비슷한 컬러의 아이브로우 마스카라를 이용해 눈썹 결의 반대 방향으로 한 번, 눈썹 결대로 한 번 빗어 컬러를 균일하게 맞춘다.

잔잔한 펄이 들어간 연한 베이지나 연한 핑크 컬러의 섀도를 눈두덩 전체에 얇게 펴 바른다.

베이스 섀도와 동일한 컬러의 섀도를 눈 밑 언더라인 부분에 펴 발라 연결성을 준다.

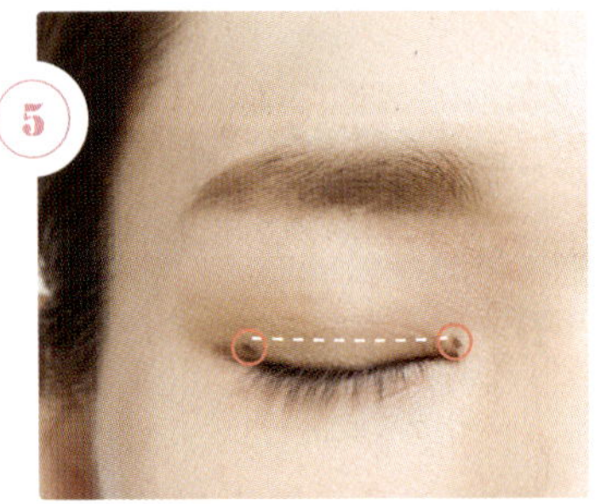

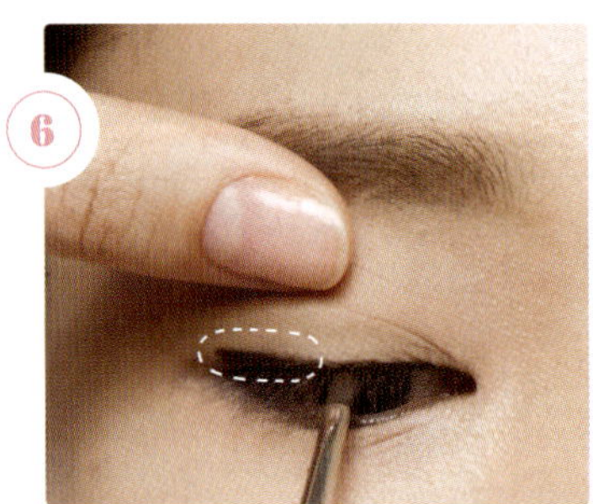

펄 없는 옅은 브라운 컬러의 섀도를 쌍꺼풀 라인보다 조금 더 두껍게 펴 발라서 음영을 준다.

부드럽게 발리는 짙은 브라운 컬러의 펜슬 라이너를 이용해 눈의 시작점과 눈꼬리 부분의 높이가 같도록 미리 점을 찍어 표시한다.

점 찍어둔 눈꼬리 부분까지 라인을 연결해 그린다. 이때 눈꼬리 부분은 좀 더 두껍게 마무리한다. 눈의 점막을 꼼꼼히 채워 그리는 것이 중요하다.

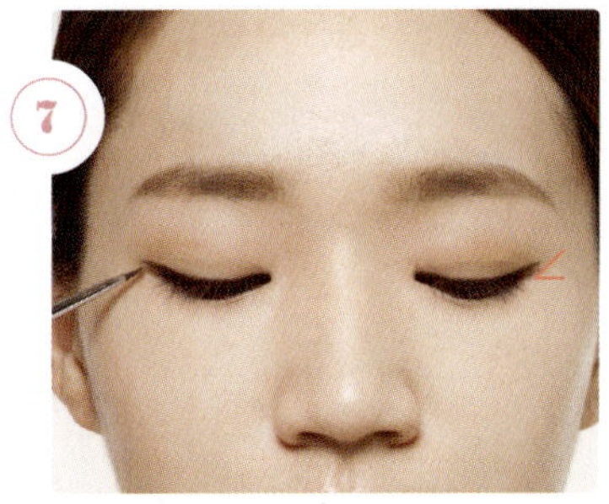

청순함에 생기를 더하고 싶을 때는 눈꼬리를 조금 더 올려 그리면 효과적이다. 눈꼬리에서 약 30도 가량 라인을 들어 5mm 정도 날렵하게 빼주면 완성.

펜슬라이너로 눈꼬리부터 눈 밑 언더라인의 3분의 1지점까지 연결성 있게 바른다. 언더라인이 너무 진하고 두껍게 연출되지 않도록 주의한다. 진하게 그렸을 때는 면봉을 이용해 가볍게 쓸어주면 자연스럽게 연출할 수 있다.

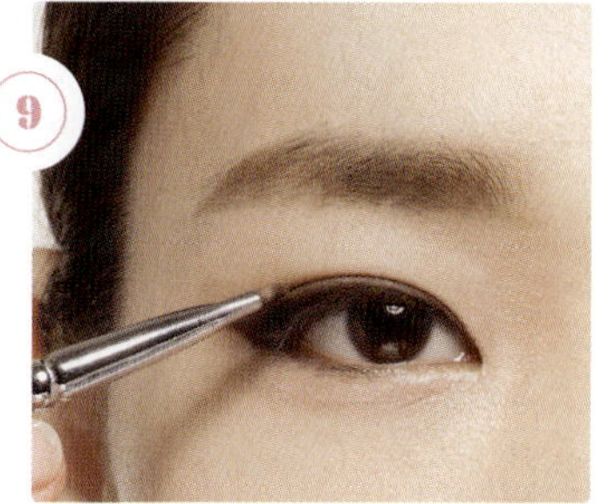

납작한 브러시에 펄이 섞인 다크 브라운 컬러의 섀도를 묻혀 분첩이나 손등에서 양을 조절한다. 아이라인 위에 자연스럽게 덧바른다.

브러시에 남아 있는 다크 브라운 컬러의 섀도로 눈꼬리에서 언더라인의 3분의 1지점까지만 연결성 있게 라인을 그린다.

뷰러를 이용해 속눈썹 뿌리부터 끝까지 3단계에 걸쳐 집어주며 컬을 만든다.

마스카라로 속눈썹 윗면을 한 번 쓸어내리고 뿌리부터 꼼꼼하게 마스카라를 바른다. 컬링이 살아 있는 길고 풍성한 속눈썹을 연출해야 눈이 더 청순해 보인다.

Purity Eye Makeup

처진 눈매를 커버해 청순하고
생기 있는 눈매 완성!

IT COSMETIC

로라메르시에 | 섀도 '진저'
중간 톤의 밝은 브라운 컬러 섀도. 발색력이 뛰어나 한 번의 터치로도 깊은 음영을 자연스럽게 표현할 수 있다.

클리오 | 젤 프레소 펜슬 '다크초코'
번짐과 뭉개짐 없이 아이라인이 유지되는 펜슬 타입 아이라이너. 부드러운 질감으로 초보자도 실수 없이 선명한 라인을 그릴 수 있다.

BEAUTY ADVICE

눈의 모양과 아이라인의 각도

❶ 눈꼬리가 치켜 올라간 눈 착한 눈으로 만들기
아이라인을 거의 일직선에 가깝게 그려야 한다. 특히 눈꼬리 부분은 0도에 가깝게 그리는데, 본래의 눈꼬리보다 조금 아래로 향하게 그려 눈 앞머리와 수평을 맞출 것.

❷ 미간이 넓은 눈의 밸런스 맞추기
미간이 넓은 눈은 눈 앞머리를 감싸 앞트임 효과를 주고 눈꼬리는 약 15도 정도만 올려 그려 또렷함을 준다.

❸ 눈꼬리가 처져 졸려 보이는 눈 생기 있는 눈으로 만들기
눈꼬리 부분을 약 30도 정도만 올려 생기를 준다. 눈꼬리를 너무 길게 빼면 메이크업이 과해보일 수 있으니 5mm 정도만 날렵하게 빼도록 한다.

❹ 눈 앞머리가 트여 있는 눈을 고양이 상으로 만들기
눈 앞머리가 시원하게 트여 있지만 뭔가 밋밋한 인상이라면 눈꼬리 라인을 60도 정도 과감하게 들어서 그려보자. 눈꼬리부터 10mm가량 라인을 길게 빼서 그리면 고양이 눈매가 완성된다.

눈꼬리가 올라간 눈매를 위한
섹시 아이 메이크업

눈꼬리가 올라간 눈매는 섹시한 느낌을 표현하기 쉽지만 자칫 사나워 보이거나 독해 보일 수 있다. 그런 눈매가 부담스러워 눈꼬리를 과하게 내려 라인을 그리는 이들도 많다. 물론 이미지를 바꾸는 하나의 방법이 될 수도 있지만 경우에 따라 어색한 메이크업이 된다. 라인의 위치, 컬러의 선택만 제대로 해도 자신이 가진 섹시한 느낌을 최대한 어필하면서 부드러운 카리스마를 표현할 수 있다.

헤어 컬러와 비슷한 컬러의 아이브로우 마스카라를 이용해 눈썹 결의 반대 방향으로 한 번, 눈썹 결대로 한 번 빗어 컬러를 균일하게 맞춘다.

잔잔한 펄이 들어간 연한 베이지 컬러의 섀도를 눈두덩 전체에 얇게 펴 바른다.

베이스 섀도와 동일한 컬러의 섀도를 눈 밑 언더라인 부분에 펴 발라 연결성을 준다.

펄이 없는 옅은 그레이 컬러의 섀도를 쌍꺼풀 라인보다 조금 더 두껍게 펴 발라 음영을 준다.

은은한 펄이 있는 옅은 그레이 컬러의 섀도를 동공 부분에만 톡톡 두드려서 포인트를 준다.

블랙 젤 라이너를 이용해 눈의 점막을 꼼꼼히 채워 라인을 그린다. 눈꼬리가 올라간 눈매는 굳이 라인을 올려 그릴 필요 없이 일직선으로 5mm 정도 빼서 그리면 된다.

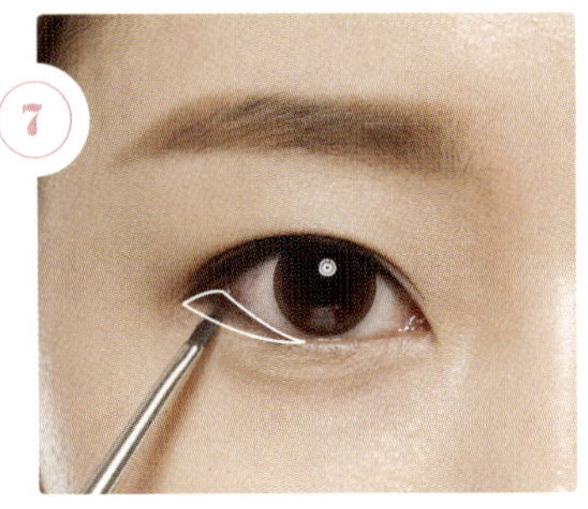

눈꼬리에서 이어지는 언더라인이 일직선이 될 수 있도록 점막을 꼼꼼히 채워 라인을 그린다. 눈꼬리부터 눈 밑 언더라인의 3분의 1 지점까지 그리면 된다.

납작한 브러시에 카키 그레이 컬러의 섀도를 묻혀 분첩이나 손등에서 양을 조절한다. 아이라인 위에 자연스럽게 덧바른다. 이때 눈꼬리 부분은 컬러감이 약해지도록 그라데이션한다.

브러시에 묻은 여분의 섀도를 이용해 언더라인 위에도 가볍게 덧바른다.

카키 그레이 컬러의 섀도를 동공 위쪽 라인에만 한 번 더 덧발라 포인트를 준다.

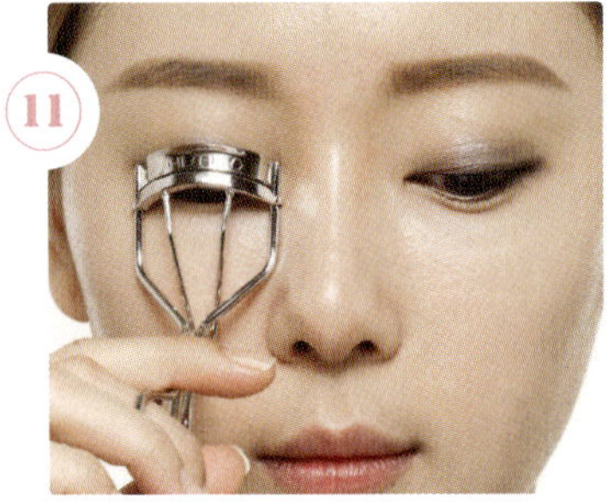

뷰러를 이용해 속눈썹 뿌리부터 끝까지 3단계에 걸쳐 집어주며 컬을 만든다.

마스카라로 속눈썹 윗면을 한 번 쓸어내리고 뿌리부터 꼼꼼하게 마스카라를 바른다. 눈꼬리 부분을 길고 풍성하게 표현하면 올라간 눈매가 강조될 수 있으니 눈의 중앙을 좀 더 강조하는 것이 좋다.

FINISH

Sexy Eye Makeup

올라간 눈매를 커버해
부드러운 카리스마를 가진
섹시 아이 완성!

아멜리 | 스텝베이직 아이섀도 '마카롱 그레이'
베이지빛이 들어 있는 부드러운 회색 아이섀도. 동양인의 피부
에서도 자연스럽게 발색된다. 여러 번 터치해도 탁해지지 않고
바를수록 그윽한 색감을 연출해 부드러운 분위기를 표현할 수
있다.

샤넬 | 레 꺄트르 옹브르 '43 미스테르'
화려한 느낌의 브론즈와 토페, 우아한 카키와 골든 베이지의 4
가지 컬러가 믹스매치된 제품. 깊고 부드러운 눈매를 연출할 수
있는 매력적인 컬러들로 조합되어 있다.

BEAUTY ADVICE

크고 또렷한
눈동자를 만드는
동공 포인트 메이크업

1 눈꼬리가 올라간 경우 눈꼬리 부분을 포인트로 부각
시키면 지나치게 과한 메이크업이 될 수 있다. 크고
또렷한 눈동자를 만들어 시선을 중앙으로 집중시킬
필요가 있다. 아이라인을 동공 위쪽에서 한 번 더 두
껍게 그려 눈동자가 또렷해 보이도록 연출한다. 언더
라인도 동공 아래쪽에 포인트를 준다.

2 눈꼬리 부분의 섀도 컬러가 더 진하게 발리거나 두껍
게 발리면 눈매가 올라간 것이 더 부각될 수 있다. 따
라서 동공 위쪽 가운데 부분이 포인트가 되도록 섀도
를 바르는 것이 좋다. 포인트 섀도를 바르기 전에 눈
을 감고 동공 위치에 하이라이트 섀도를 넣어 시선을
잡는 방법도 필요하다.

3 동공 크기만큼만 3~4가닥의 인조 속눈썹을 붙여줘
도 또렷하고 여성스러운 아이 메이크업을 완성할 수
있다.

4 블랙 컬러처럼 강한 느낌의 섀도를 선택하기보다 카
키 그레이 또는 네이비 컬러의 섀도를 사용하는 것이
좋다. 한층 부드러운 이미지를 주기 때문에 세련되면
서도 섹시한 느낌을 줄 수 있다.

홑꺼풀 눈매를 신비롭게 만드는
아이 메이크업

자칫 눈이 부어 보여 답답한 인상을 줄 수 있는 홑꺼풀 눈매. 하지만 쌍꺼풀 없는 동양인의 눈매는 신비롭고 유니크한 매력이 있다. 여배우 김효진의 경우도 매력적인 홑꺼풀 눈매를 가지고 있다. 그녀가 시원스럽고 세련된 느낌을 줄 수 있는 이유는 홑꺼풀 눈매에 가장 이상적인 컬러를 사용하기 때문. 눈이 부어 보일 수 있는 화이트 톤의 핑크나 과한 펄이 들어간 화이트, 베이지 컬러는 되도록 피한다. 쌍꺼풀 라인 정도에만 컬러감을 준 후 깔끔한 라인을 완성하면 김효진처럼 신비롭고 샤프한 눈매를 완성할 수 있다.

1

헤어 컬러와 비슷한 컬러의 아이브로우 마스카라를 이용해 눈썹 결의 반대 방향으로 한 번, 눈썹 결대로 한 번 빗어 컬러를 균일하게 맞춘다.

2

섀도의 밀착력과 발색력을 높이는 스킨 톤의 아이 베이스를 눈두덩 전체에 고르게 펴 바른다. 아이 베이스가 없다면 펄 없는 스킨 톤의 아이섀도를 활용해도 좋다.

3

눈을 떴을 때 컬러가 살짝 보일 정도로 펄 없는 옅은 브라운 섀도를 얇게 바른다.

4

속눈썹 가까운 부위가 가장 진해지도록 2~3번 덧발라 자연스럽게 그라데이션을 만든다.

5

옅은 브라운 컬러의 섀도를 눈 밑 언더라인 부분에 펴 발라 연결성 있게 해준다.

6

워터프루프 기능의 딥 카키 컬러의 펜슬라이너로 눈을 떴을 때 아이라인이 보일 정도의 위치에 가이드라인을 표시한다. 눈 앞머리, 중간, 눈꼬리 부분으로 나눠 표시하면 된다.

딥 카키 컬러의 펜슬라이너로 가이드라인 안쪽을 빈틈없이 꽉 채운다. 눈두덩을 살짝 들어 올려 점막까지 꼼꼼하게 채우도록 한다.

눈매가 날카롭거나 눈꼬리가 올라간 경우 반달 눈매가 될 수 있도록 눈 앞머리 위치에 맞춰 일직선이 되는 지점까지만 눈꼬리를 그린다.

눈꼬리에서 이어지는 언더라인이 자연스럽게 연결되도록 점막을 꼼꼼히 채워 라인을 그린다. 눈꼬리부터 눈 밑 언더라인의 3분의 1 지점까지 그리면 된다.

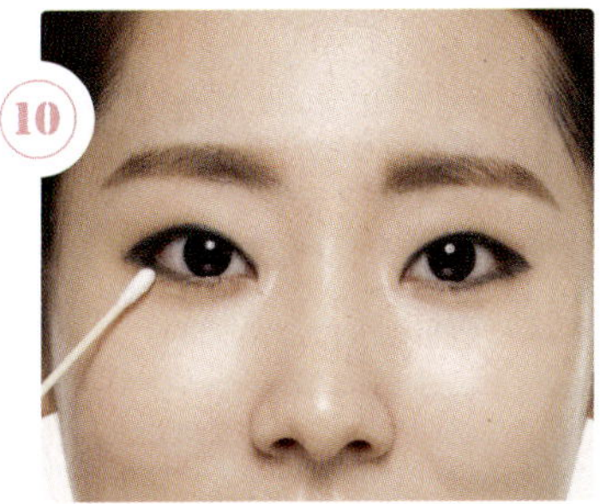

언더라인이 너무 진하게 연출되지 않도록 면봉을 이용해 자연스럽게 쓸어준다.

홑꺼풀 눈은 언더라인에 메이크업이 번져 지저분해지기 쉽다. 부드러운 브러시를 이용해 언더라인에 투명 파우더를 꼼꼼하게 발라주면 섀도, 라인, 마스카라가 번지는 것을 예방할 수 있다.

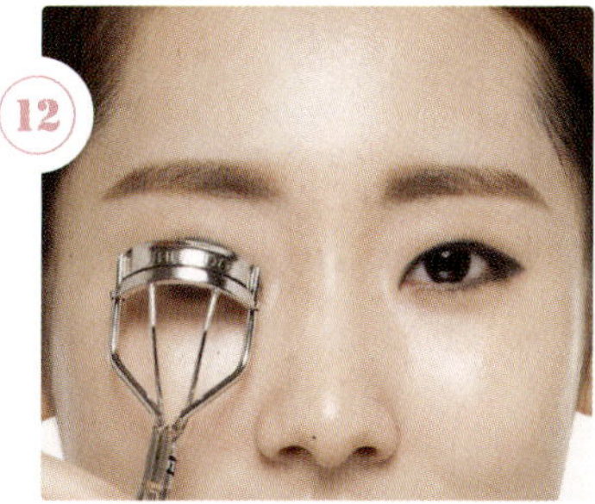

뷰러를 이용해 속눈썹 뿌리부터 끝까지 3단계에 걸쳐 집어주며 컬을 만든다.

물에 번지지 않는 워터프루프 기능의 마스카라로 속눈썹 윗면을 한 번 쓸어내리고 뿌리부터 꼼꼼하게 속눈썹을 정돈한다.

홑꺼풀 눈매의 단점을 커버해
신비롭고 샤프한 눈매 완성!

바비브라운 | 아이섀도 '토스트'
발색력이 우수하고 발림성이 좋아 음영 섀도계의 레전드로
불리는 제품. 너무 밝지도 칙칙하지도 않은 베이지 톤의 컬러
가 매력적인 홑꺼풀 눈매를 완성해준다.

페리페라 | 스무디 워터프루프 펜슬라이너 '3호 딥 카키'
부드러운 젤 타입의 워터프루프 기능 아이라이너 펜슬. 빠르
게 밀착되어 가루날림이 없고 번지지 않아 홑꺼풀 눈매에 사
용하기 좋다.

홑꺼풀
아이 메이크업 팁

❶ 홑꺼풀 아이 메이크업의 추천 컬러

• 베이스 컬러를 연하게 표현하고 딥 카키 컬러의 펜슬라
이너로 라인을 또렷하게 그리면 분위기 있는 아이 메이크
업을 완성할 수 있다.

• 브론즈 컬러의 섀도를 쌍꺼풀 라인만큼 바르고 눈을 뜨
면 보일 만큼 짙은 브라운 컬러의 아이라인을 그리면 깊
은 눈매를 완성할 수 있다.

• 은은한 브라운 컬러의 섀도를 눈두덩 전체에 바르고 블
랙 컬러의 아이라인을 그리면 또렷하면서도 그윽한 눈매
를 완성할 수 있다.

• 그레이 컬러의 섀도를 쌍꺼풀 라인 위까지 덧바른 후
블랙 컬러의 아이라인을 포인트로 그리면 시크하면서도
모던한 느낌의 눈매를 연출할 수 있다

• 무난한 베이지 컬러의 섀도로 음영감을 주고 네이비
컬러의 아이라인을 눈을 떴을 때 보이는 선까지 그려주면
또렷하면서도 세련된 아이 메이크업을 완성할 수 있다.

❷ 홑꺼풀 아이 메이크업의 절대법칙

• 펄이 과한 제품은 반드시 피하고 옅은 컬러의 섀도를
2~3번 얇게 덧바른다. 속눈썹 가까운 부분에 더 진하게
표현될 수 있도록 자연스럽게 그라데이션한다. 펄 섀도를
사용하고 싶다면 애교살 부위에만 포인트를 줘 시선을 아
래로 돌리는 것이 바람직하다.

• 두껍거나 여러 단계의 아이 메이크업은 피하는 게 좋
다. 보는 이의 시선이 눈이 아닌 다른 부위로 집중될 수 있
도록 라인과 속눈썹에만 집중한다. 아이라인은 눈을 떴을
때 살짝 보이도록 다소 두껍게 그리는 것이 좋다.

• 홑꺼풀 눈은 아이라인을 그려도 눈을 뜨면 대부분 안으
로 말려들어 간다. 만약 아이라인이 심하게 번지고 어울
리지 않는다면 굳이 라인에 집착할 필요는 없다. 다만 워
터프루프 제품을 사용해 라인이 번지는 것을 막아 도전해
볼 수 있다.

• 어쩔 수 없이 아이라인을 포기했다면 속눈썹만이라도
풍성하게 연출해야 또렷한 눈매를 만들 수 있다. 속눈썹
은 반드시 뷰러로 집어 컬링을 만들어주고 마스카라 역시
워터프루프 제품을 사용해야 한다.

• 눈가에 파우더를 발라 유분을 제거해야 아이 메이크업
이 번지는 것을 예방할 수 있다.

앞트임한 듯 시원한 눈매를 만드는
아이라인 메이크업

아이라인과 마스카라는 눈매를 또렷하게 만들어주는 최고의 아이템. 하지만 그 외에도 눈매의 단점을 스마트하게 커버하고 보완할 수 있는 또 다른 장점을 가지고 있다. 그야말로 아이 메이크업의 절대병기인 셈. 눈 간격이 멀어 콤플렉스를 가지고 있다면 아이라인의 위치를 조금만 조절해도 감쪽같이 커버가 가능하다. 성형 없이도 앞트임의 효과를 확실하게 보여줘 시원한 눈매를 완성하는 아이라인 메이크업을 알아보자.

헤어 컬러와 비슷한 컬러의 아이브로우 마스카라를 이용해 눈썹 결의 반대 방향으로 한 번, 눈썹 결대로 한 번 빗어 컬러를 균일하게 맞춘다.

연한 베이지 또는 연한 피치 컬러의 섀도를 눈두덩 전체에 얇게 펴 바른다.

베이스 섀도와 동일한 컬러의 섀도를 눈 밑 언더라인 부분에 펴 발라 연결성을 준다.

펄이 있는 화이트 피치 톤의 섀도를 사용해 눈 앞머리 부분을 살짝 감싸 하이라이트를 준다. 시원한 눈매를 만들 수 있다.

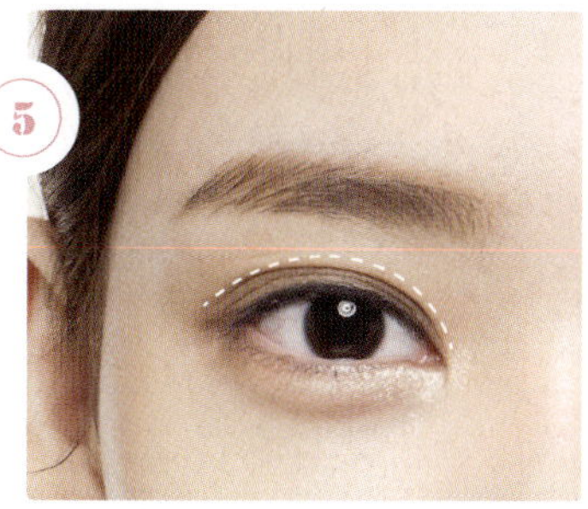

펄이 없는 옅은 브라운 컬러의 섀도를 쌍꺼풀 라인보다 조금 더 두껍게 펴 발라 음영을 준다.

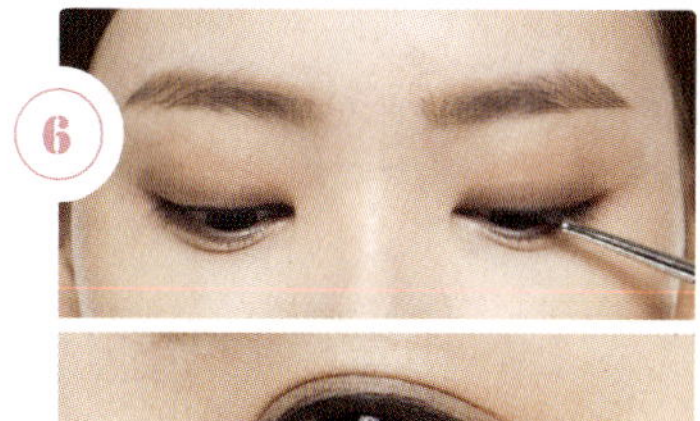
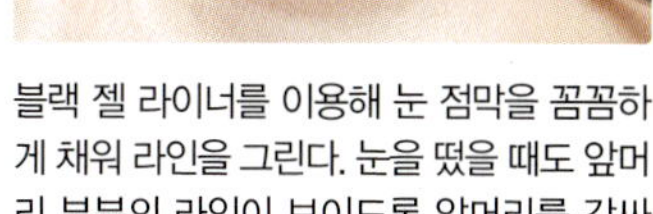

블랙 젤 라이너를 이용해 눈 점막을 꼼꼼하게 채워 라인을 그린다. 눈을 떴을 때도 앞머리 부분의 라인이 보이도록 앞머리를 감싸는 느낌으로 그린다.

눈꼬리 부분은 너무 길게 빼지 말고 5mm 정도만 날렵하게 뺀다.

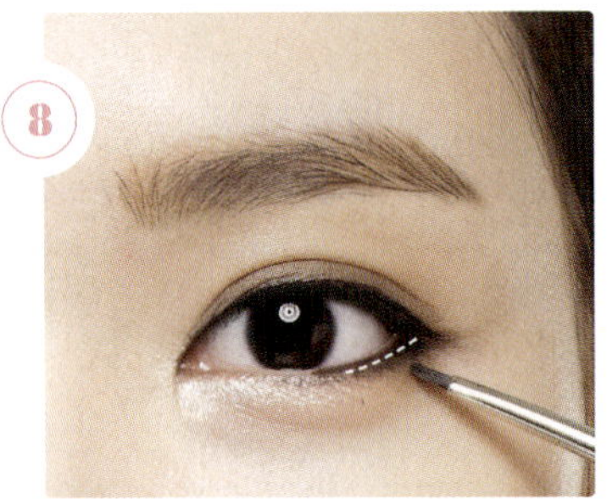

눈꼬리와 언더라인이 자연스럽게 연결될 수 있도록 가볍게 라인을 그린다. 눈꼬리부터 눈 밑 언더라인의 3분의 1지점까지 그리면 된다.

납작한 브러시에 짙은 브라운 컬러의 섀도를 묻혀 분첩이나 손등에서 양을 조절한다. 아이라인 위에 자연스럽게 덧바른다. 이때 앞머리 부분을 감싼 라인까지 가볍게 터치한다.

브러시에 묻은 섀도를 이용해 언더라인에도 연결성 있게 바른다.

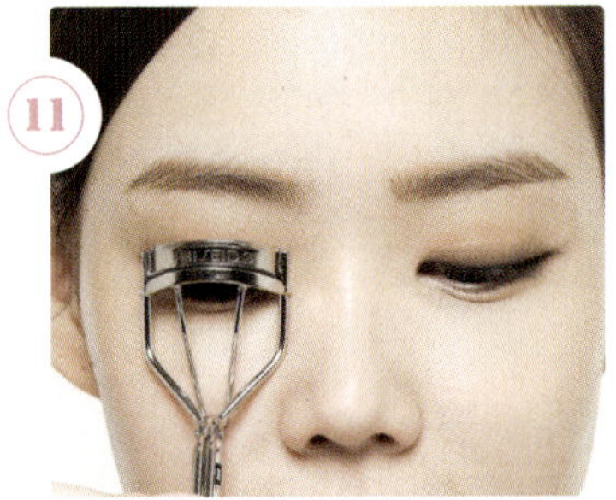

뷰러를 이용해 속눈썹 뿌리부터 끝까지 3단계에 걸쳐 집어주며 컬을 만든다.

마스카라로 속눈썹 윗면을 한 번 쓸어내리고 뿌리부터 꼼꼼하게 마스카라를 바른다. 눈 앞머리 부분까지 꼼꼼하게 마스카라를 발라야 탁 트인 눈매를 만들 수 있다.

FINISH

Eyeline Makeup

아이라인으로 앞트임한 효과를 줘
시원한 눈매 완성!

IT COSMETIC

로라메르시에 | 모자이크 쉬머블럭
한 제품에 담겨 있는 네가지 은은한 빛의 컬러가 눈, 볼, 보디까지 매혹적
으로 빛나게 연출해주는 멀티 제품. 부드러우면서도 가벼운 펄 파우더 피
그먼트가 한 번의 터치로도 포인트 효과를 확실하게 줄 수 있다.

맥 | 아이섀도 '브룬'
사용이 간편하고 색이 오래 지속되는 파우더 타입의 섀도. 베이직한 짙은
갈색으로 포인트 섀도로 유용하다.

BEAUTY ADVICE

동그랗고 귀여운 눈매 만들기

동그랗고 귀여운 눈매를 표현하고 싶거나 눈동자
가 작아 고민이라면 아이라인과 마스카라를 눈의
중앙에 집중시키면 된다.

❶ 아이라인을 그릴 때 동공 위아래 부분을 조금
더 두껍게 그린다. 점막을 꼼꼼하게 채우면 눈
동자도 커 보이고 동그란 눈을 표현할 수 있다.
❷ 아이라인은 너무 길게 빼지 않는다. 아이라인
이 길어지면 눈이 좌우로 길게 표현되기 때문
에 동그란 눈매를 만들기 어렵다.
❸ 속눈썹의 앞이나 끝부분이 아닌 중앙에 집중적
으로 마스카라를 바른다. 중앙 부위가 풍성해
야 눈매가 더 동그랗게 보인다.

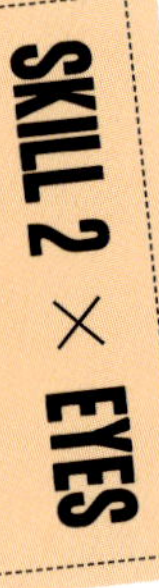

눈 간격이 좁은 눈매를 위한
아이 메이크업

하체가 통통한 사람은 시선을 상체로 끌어올리는 스타일링이 필요하고 가슴이 빈약한 사람은 화려한 하의를 선택하는 것이 스타일링의 정석이다. 메이크업에 특별한 법칙이 있는 것은 아니지만 콤플렉스를 효과적으로 커버할 수 있는 스킬은 반드시 존재한다. 메이크업 역시 패션처럼 콤플렉스에 집중되는 시선을 다른 데로 돌리면 된다.

① 헤어 컬러와 비슷한 컬러의 아이브로우 마스카라를 이용해 눈썹 결의 반대 방향으로 한 번, 눈썹 결대로 한 번 빗어 컬러를 균일하게 맞춘다.

② 스킨 톤의 섀도를 눈두덩 전체에 얇게 펴 바른다.

③ 베이스 섀도와 동일한 컬러의 섀도를 눈 밑 언더라인 부분에 펴 발라 연결성 있게 해준다.

④ 펄이 없는 옅은 그레이 컬러의 섀도를 쌍꺼풀 라인보다 조금 더 두껍게 펴 발라 음영을 준다.

⑤ 눈꼬리 부분에서 아이홀을 따라 자연스럽게 그라데이션한다.

⑥ 눈 점막을 꼼꼼히 채워 라인을 그리는데, 눈꼬리로 갈수록 두껍게 그린다. 눈꼬리는 8mm 정도 길게 빼준다. 눈 간격이 좁은 경우 앞머리에 하이라이트를 강하게 넣거나 아이라인을 앞머리부터 시작하는 것은 좋지 않다.

눈꼬리에서 언더라인의 3분의 1지점까지 연결성 있게 그린다. 점막을 꼼꼼히 채워 눈꼬리를 강조한다.

납작한 브러시에 짙은 네이비 컬러의 섀도를 묻혀 분첩이나 손등에서 양을 조절한다. 아이라인 위에 자연스럽게 덧바른다.

브러시에 묻은 여분의 섀도를 이용해 눈꼬리에서 아이홀 방향으로 부드럽게 펴 바른다.

다시 깨끗한 브러시를 이용해 컬러를 자연스럽게 그라데이션한다.

짙은 네이비 컬러의 섀도를 눈꼬리에서부터 언더라인의 3분의 1지점까지 연결성 있게 펴 바른다.

뷰러를 이용해 속눈썹 뿌리부터 끝까지 3단계에 걸쳐 집어주며 컬을 만든다.

마스카라로 속눈썹 윗면을 한 번 쓸어내리고
뿌리부터 꼼꼼하게 마스카라를 바른다. 눈꼬
리 부분을 길고 풍성하게 표현하면 시선을
눈꼬리 쪽으로 돌릴 수 있다. 앞머리 부분은
컬만 살린다는 생각으로 가볍게 바를 것.

답답한 눈 앞머리에 집중되는 시선을
눈꼬리로 돌려 시원한 아이 메이크업 완성!

BEAUTY ADVICE

짧은 눈매를 길고 시원스럽게 표현하는 법

눈 간격이 좁아 답답한 인상을 주는 것이 콤플렉스라면
눈꼬리 부분의 메이크업을 조금 더 과감하게 할 필요가
있다. 눈 앞쪽에 집중되는 시선을 눈꼬리 쪽으로 보내면
일종의 착시효과가 나타나기 때문. 눈길이 자체가 짧으
면 밋밋해 보일 수 있고 답답한 인상을 줄 수도 있는데,
아이라인으로 앞트임과 뒤트임 메이크업을 동시에 하
면 길고 시원스런 눈매를 만들 수 있다.

❶ 눈 앞머리를 감싸 아이라인을 그리고 화이트 펄로
앞부분에 하이라이트를 주면 시원하게 트인 눈매를
연출할 수 있다.

❷ 눈꼬리 부분의 아이라인을 8mm 정도로 길게 그리
면 길고 시원한 눈매를 표현할 수 있다. 눈꼬리 쪽의
컬러는 포인트가 될 수 있게 짙은 컬러를 선택하는
것이 좋다.

❸ 눈꼬리를 감싸듯 눈꼬리와 언더라인을 연결하지 말
고 위아래 라인이 2mm 정도 떨어지게 그려야 훨씬
더 긴 눈매를 연출할 수 있다.

피카소 | 231 아이라이너 브러시
전체적으로 납작하면서 끝은 얇고 둥근 형태의 아이라인
전용 브러시. 짱짱한 탄력으로 부드럽고 밀착력 있게 라
인을 그릴 수 있다.

디올 | 3컬러 스모키 레디 투 웨어 아이즈 팔레트 '#291'
편리한 아이섀도 트리오 제품. 벨벳처럼 부드러운 텍스처
가 매트한 스모키 메이크업도 좀 더 쉽게 연출할 수 있도
록 도와준다.

작고 얇은 입술을 보완하는 **반전 립 메이크업**

해마다 유행이 바뀌듯 미의 기준도 달라진다. 예전과 달리 앵두같이 작은 입술이 콤플렉스라고 말하는 여성들이 많아졌고, 이를 증명하듯 플럼핑 제품이나 필러 등의 시술이 인기다. 그만큼 시원스럽고 도톰한 입술이 대세. 작고 얇은 입술이 고민이라면 틴트만으로 1~2mm 정도 입술 확장이 가능하다. 입술 안쪽을 자연스럽게 물들이는 데 사용하던 틴트의 착한 변신에 주목해보자.

옅은 컬러

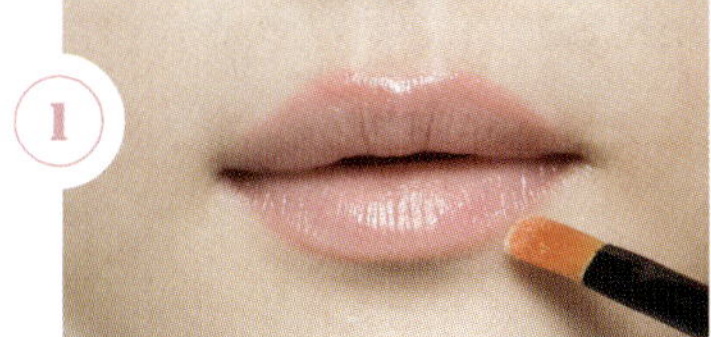

①

입술 컬러와 비슷한 핑크 계열의 틴트를 립 브러시에 묻혀 립 라인의 바깥쪽 1~2mm 지점까지 확장해 바른다. 입술 톤과 비슷해지도록 스며들고 다시 바르기를 3회 정도 진행한다.

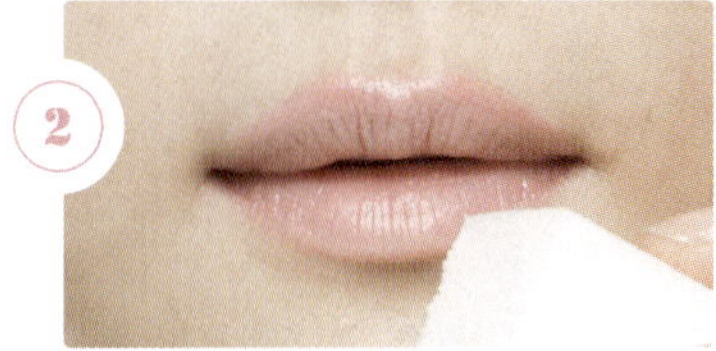

②

라텍스에 소량의 파운데이션을 묻혀 입술을 균일한 톤으로 맞춘다. 립 컬러의 밀착력과 발색력을 높일 수 있다.

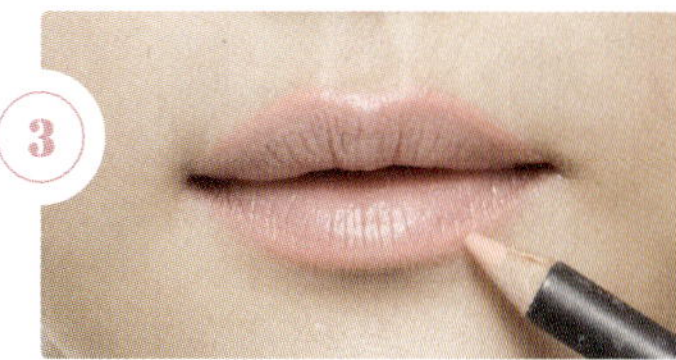

③

확장된 입술 라인에 맞춰 피치 컬러의 립 라이너로 정교하게 라인을 그린다.

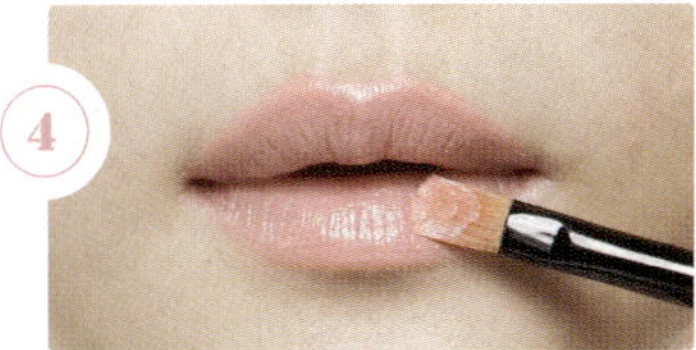

④

연한 핑크 컬러의 립스틱을 립 브러시에 묻혀 입술에 균일하게 도포한다.

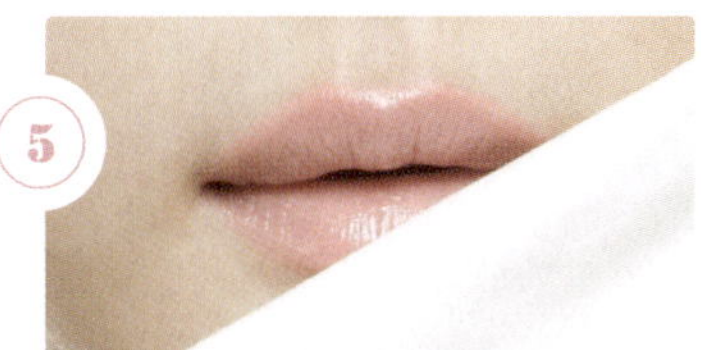

⑤

일차적으로 립 컬러를 바르면 티슈에 한 번 찍어낸다. 립 컬러의 지속성을 높이기 위한 과정이다.

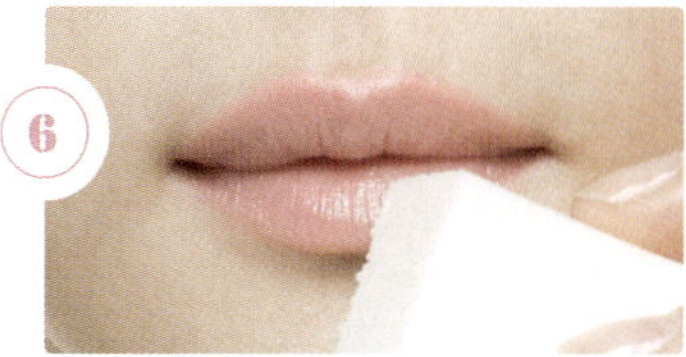

⑥

파운데이션을 묻혀뒀던 라텍스로 다시 한 번 입술 톤을 맞춘다. 가볍게 톡톡 두드려 파운데이션이 두껍게 발리지 않도록 한다.

⑦

연한 핑크 컬러의 립스틱을 립 브러시에 묻혀서 다시 한 번 입술에 얇고 균일하게 도포한다.

FINISH

Romantic color lip

진한 컬러

짙은 레드 컬러의 립스틱이 오래 유지될 수 있도록 입술 전체에 붉은 컬러의 틴트를 바른다. 이때 입술 외곽으로 1~2mm만 확장되도록 브러시를 이용해 라인을 잡아준다.

틴트로 확장시킨 입술에 레드 컬러의 립 라이너를 이용해서 정교하게 입술 라인을 그린다.

작은 입술에 짙은 립 컬러를 정교하게 바르면 입술이 더 작아 보일 수 있다. 면봉으로 립 라인을 살짝 쓸어줘 스머지 효과를 주면 자연스럽게 번진 세련된 라인이 완성된다.

립 브러시에 레드 컬러의 립스틱을 묻혀 립 라인 안쪽을 꼼꼼하게 채운다. 티슈로 컬러를 한 번 찍어내고 라텍스로 두드린 후 다시 한 번 바르면 지속력, 밀착력, 발색력을 높일 수 있다.

IT COSMETIC

베네피트 | 포지틴트
발색력과 지속력이 좋고 묻어나거나 끈적임이 없으며 입술 컬러 같은 자연스러움을 주는 틴트 제품이다.

슈에무라 | 루즈 언 리미티드 'pk 345'
촉촉한 타입의 핑크 립스틱. 크리미한 틴트 타입 립스틱으로 발색력과 지속력이 뛰어나다.

아리따움 | 허니 멜팅 틴트 '라즈베리케이크'
립밤과 틴트를 하나로 담은 일명 '꿀밤 틴트'로 입술을 촉촉하게 보호해주며 발색력이 좋고 컬러감이 뛰어나 얼굴을 화사하게 만든다.

샤넬 | 루쥬 알뤼르 벨벳 '38 라 파시냥뜨'
크리미한 텍스처라 부드럽게 발리며 광택 있고 선명한 컬러가 특징이다.

BEAUTY ADVICE

작은 입술 립 메이크업 시 주의사항

❶ 너무 짙은 컬러의 립스틱은 자제한다. 베이지, 핑크 계열의 립 컬러가 작은 입술에 더 최적화된 컬러다. 레드, 와인, 딥 브라운 컬러의 립스틱은 입술의 컬러가 명확해 크기를 더욱 도드라지게 한다. 짙은 컬러의 립스틱을 바를 때는 라인을 깔끔하게 바르지 말고 자연스럽게 스머지 효과를 주는 것이 좋다.

❷ 입술 안쪽만 진하게 물들이는 틴트의 사용은 자제하는 게 좋다. 입술 안쪽이 진하고 점차 그라데이션되는 립 메이크업은 시각적으로 입술을 더 작아 보이게 만든다.

❸ 너무 오버해서 립 라인을 그리지 않는다. 작은 입술이 콤플렉스라고 해서 실제 입술보다 지나치게 크게 라인을 잡으면 전체적인 메이크업이 과해 보일 수 있다. 실제 입술보다 1~2mm만 크게 그려도 효과는 충분하다.

또렷한 입술 라인을 만드는 **립 컨실러 활용하기**

입술 컬러가 유독 진한 사람이 있는가 하면 흐릿하고 그 경계마저 불분명한 사람들도 많다. 또 작은 입술이 콤플렉스인 사람과 반대로 지나치게 두툼하고 큰 입술이 콤플렉스인 사람들도 있다. 작은 입술을 확장시키는 것과는 반대로 입술을 축소시키는 연출도 메이크업에선 충분히 가능하다. 립 컨실러를 활용해 자연스럽게 립 라인을 교정하는 뷰티 트릭에 대해 알아보자.

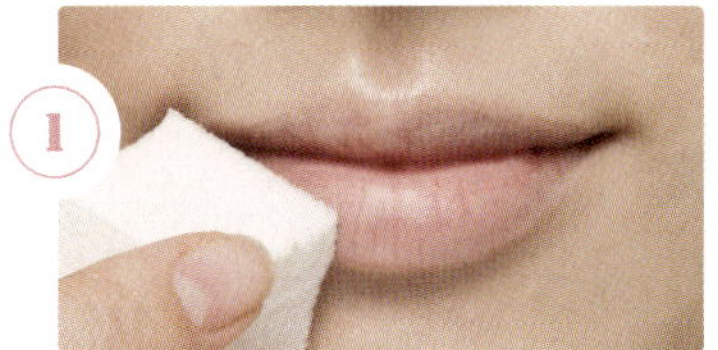

1 라텍스 스펀지에 소량의 파운데이션을 묻혀 입술을 균일한 톤으로 맞춘다. 립 컬러의 밀착력과 발색력을 높일 수 있다.

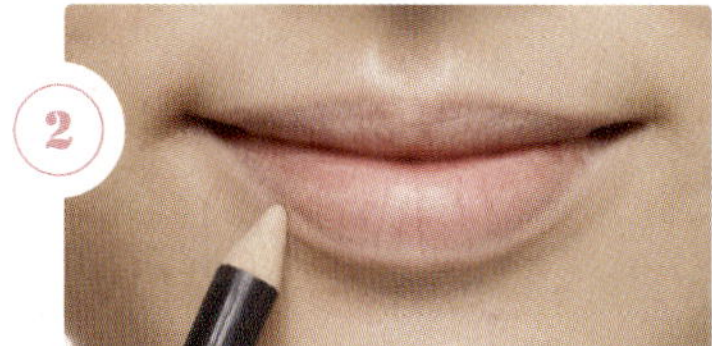

2 펜슬 타입의 립 컨실러를 이용해 입술 외곽 라인을 깔끔하게 정리한다. 두껍게 한 번에 커버하려 하지 말고 얇게 여러 번 레이어드 해도 좋다.

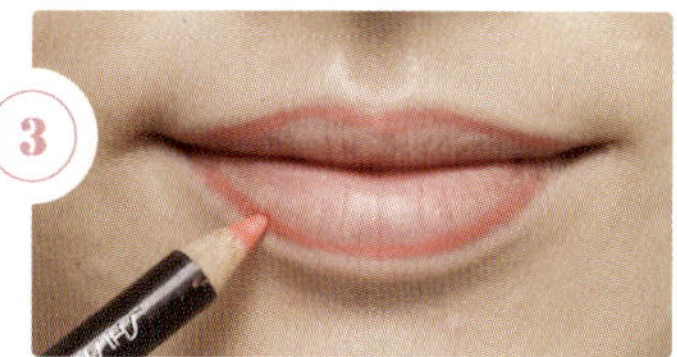

3 원래 입술 라인보다 1~2mm 안쪽에 오렌지 톤의 립 펜슬로 라인을 또렷하게 그린다.

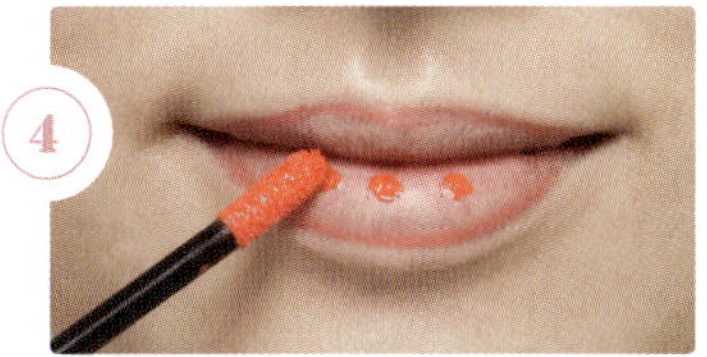

4 입술 중앙에 비비드한 오렌지 컬러 틴트를 소량만 찍어 고르게 흡수시킨다.

5 레드 오렌지 컬러의 립스틱을 브러시에 묻혀 입술 중앙에서 외곽으로 그라데이션하며 라인 안쪽을 채운다.

FINISH

파리베를린 | 컨실러 펜슬
얼굴 잡티 커버에도 사용이 가능하고 입술 모양 수정에도 효과적으로 사용할 수 있는 펜슬 타입 컨실러. 커버할 부분만 살짝 수정할 수 있어 경제적이며 뭉침 없이 깨끗한 커버가 가능하다.

베네피트 | 차차틴트
세련된 코랄 컬러의 틴트로 부드럽게 잘 발리고 발색력도 좋아 선명한 입술 연출이 가능하다.

슈에무라 | 루즈 언리미티드 슈프림 마뜨 크리미 틴트 립스틱(or 570)
매트한 느낌의 진한 레드 오렌지 컬러의 립스틱. 매트하지만 부드럽게 발려 번짐 없이 깔끔하고 강렬한 립 컬러를 연출할 수 있다.

BEAUTY ADVICE

돌출형 입을 커버하는 립 메이크업 노하우

1 립 컨실러로 입술 외곽을 깔끔하게 정리한다.

2 립라인을 그릴 때 입술의 높이는 축소하고 입술의 길이를 확장시킨다는 생각으로 라인을 그린다.

3 립스틱을 립라인 안쪽으로 꼼꼼하게 바르고 윗입술과 아랫입술이 연결되는 입꼬리 부위까지 꼼꼼하게 바른다.

4 시간이 지나 입술 옆 라인이 번질 수 있으니 티슈에 한 번 찍고 파우더로 눌러준 뒤 다시 한 번 립스틱을 발라 마무리한다.

코 모양에 따라 달라지는 **하이라이트와 셰이딩**

이마, 콧대, 인중, 턱에 이르기까지 하이라이트와 셰이딩으로 얼굴의 중심을 살려야 입체적인 얼굴이 완성된다. 하지만 코의 형태에 따라 각각의 기법도 달라져야 한다. 긴 콧대 때문에 얼굴 전체가 길고 나이 들어 보이기도 하고 낮은 콧대 때문에 얼굴 전체가 밋밋해 보이기도 하기 때문. 자신의 얼굴 형태에 맞는 적절한 하이라이트와 셰이딩 기법을 응용하면 미세한 차이로도 얼굴은 크게 달라질 수 있다. 코의 형태에 따라 T존을 다루는 기법만 제대로 마스터해도 입체 메이크업은 한결 쉬워지는 셈이다.

전체적으로 길고 큰 코

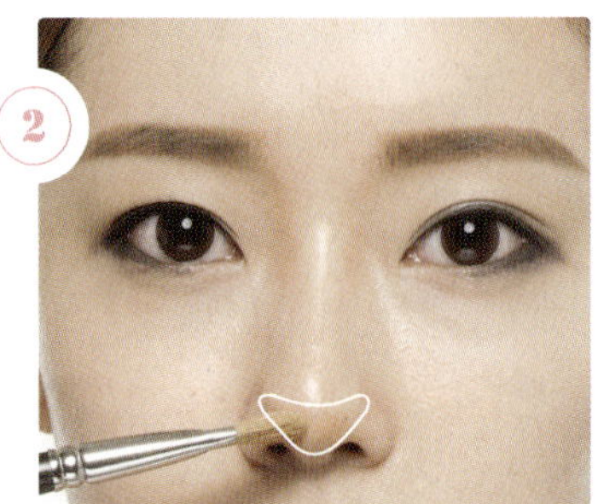

펄과 붉은 기 없는 옅은 브라운 섀도를 납작하고 탄력 있는 브러시에 소량 묻혀 손등에서 컬러감을 조절한다. 눈썹에서 코끝까지 내려오는 콧대 옆 라인을 가볍게 쓸어내려 음영을 준다. 옅은 컬러로 2~3회 반복해 자연스러운 음영을 준다.

같은 방법으로 손등에서 컬러를 조절해 코 끝부분까지 섀도를 발라 축소 효과를 준다. 코끝은 브러시를 좌우로 가볍게 터치해 일직선으로 커버한다.

미세한 펄이 있는 하이라이터를 브러시에 묻혀 손등에서 털어 양을 조절한다. 브러시에 힘을 빼고 T존 중간까지만 가볍게 쓸어내린다. 코끝까지 하이라이트를 주면 코의 길이가 부각되니 주의할 것.

콧방울이 넓어 뭉툭한 코

손등에서 셰이딩 제품의 컬러감을 조절한 후 눈썹부터 코끝까지 연결성 있게 쓸어내린다.

뭉툭한 코끝에 V자 모양으로 음영을 준다. 날렵하게 떨어지는 코끝 모양을 잡을 수 있다.

미세한 펄이 있는 하이라이터를 브러시에 묻혀 손등에서 양을 조절한다. 콧대가 길면 중간까지만, 콧대가 짧으면 코끝까지 하이라이트를 준다.

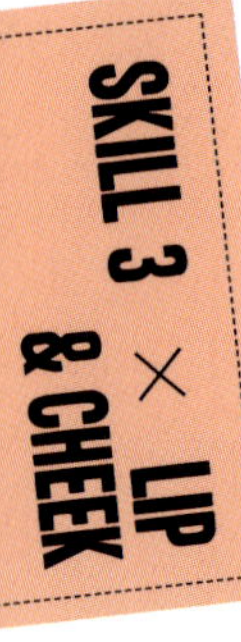

낮고 짧은 코

손등에서 컬러감을 조절한 후 눈썹부터 코 끝까지 연결성 있게 쓸어내린다. 이때 코끝 부분에 가로 터치를 하면 코가 더 짧아 보일 수 있으니 반드시 콧대 옆 라인에만 음영을 준다.

미세한 펄이 있는 하이라이터를 브러시에 묻혀 손등에서 양을 조절한다. T존 부위에 가볍게 터치해 코가 높고 시원스럽게 뻗어 보이도록 연출한다. 하이라이트는 코끝까지 넣어준다.

IT COSMETIC

토니모리 | 크리스탈 블러셔(NO.208 슈가 브라운)
입체적 얼굴 표현이 가능한 셰이딩 전용 제품. 파우더리한 사용감이 온종일 지속된다.

피카소 | 202번 노즈 셰이딩 브러시
모의 커팅이 사선으로 되어 있어 콧대 윤곽을 줄 때 사용하기 아주 용이하다.

라네즈 | 브라이터 '01 핑크'
투명한 느낌으로 화사하면서 자연스러운 피부 광택을 표현하고, 피부 빛을 다중 반사시켜 건강한 윤기를 피부에 부여한다.

BEAUTY ADVICE

코 셰이딩의 주의사항 3가지

❶ 코 셰이딩에 사용하는 브러시는 납작하고 모가 탄력이 있어야 한다. 너무 부드러운 브러시를 사용하면 라인이 넓게 표현될 수 있으니 브러시의 선택에 주의해야 한다.

❷ 전문 셰이딩 제품을 사용해도 좋지만 없을 경우 옅은 브라운 섀도를 사용해도 된다. 다만 컬러는 붉은 기가 없어야 하며 펄이 포함된 제품도 피해야 한다.

❸ 한 번에 셰이딩을 넣으려 하지 말고 연하고 가볍게 여러 번 발라 레이어드해야 얼룩 없이 음영을 줄 수 있다.

Point
Makeup

PART 3
포인트 메이크업

이미지 변신의 절대병기!

파란 쫄쫄이 수트와 빨간 망토만 있으면 슈퍼맨은 언
제 어디서나 지구를 지키는 영웅이 된다. 마치 슈퍼맨
의 수트와 망토와 같이, 당신의 이미지를 과감하게 바
꿔줄 최고의 무기, 포인트 메이크업 스킬을 소개한다.

눈꼬리를 한껏 치켜 올려 완성한 스모키 메이크업에 틴트로 붉게 물들인 입술, 핑크빛 블러셔로 범벅된 두 뺨. 메이크업 신세계에 입문한 새내기들이 저지르는 가장 큰 실수 중 하나가 바로 강약조절에 실패한다는 것이다. 메이크업에 소질 없는 몇몇 사람에 국한된 이야기가 아니다. 이런 '오버 메이크업의 끝판왕'들은 길거리 어디에서나 어렵지 않게 만날 수 있다.

그야말로 '떡칠'이란 단어가 떠오를 정도의 강한 메이크업만으로는 여성스러움도, 시크함도, 섹시함도 표현할 수 없다. 다시 말하지만 메이크업을 할 때는 욕심을 버려라. 아이 메이크업에 포인트를 줬으면 립 메이크업은 아이 메이크업을 뒷받침하는 조연이어야 한다. 아이라인 하나로 강렬한 포인트를 줬다면 섀도 컬러를 자제할 줄도 알아야 한다. 이런 완급조절이야말로 메이크업에 꼭 필요한 법칙!

나와 함께 작업하는 여배우들은 단아하고 깨끗한 내추럴 메이크업을 선호하는 경우가 많다. 하지만 배우 김효진은 모델 출신답게 여러 가지 메이크업을 시도하는 것을 좋아한다. 때론 강렬한 눈매를 보여주기도 하고, 섹시한 립 컬러에 집중하기도 하고, 몽환적인 느낌의 메이크업도 두려워하지 않는다. 그러나 그녀의 메이크업에도 철저하게 지켜지는 것이 있으니 바로 포인트.

이미지 변신, '짙은 화장'으로 가능할 것이라는 생각부터 버려야 한다. 콘셉트에 맞는 메이크업을 생각하고, 얼굴 어느 부위에 포인트를 줘야 할지부터 정하라. 장점이 큰 눈이라고 생각하면 큰 눈을 포인트로 부각시키면 된다. 도톰한 입술이 매력이라면 탐스러운 립 컬러로 포인트를 주면 된다. 장점을 부각시킬 때 아름다움의 결과는 가장 극대화되기 때문. 메이크업을 리드하는 포인트가 명확해야 이미지도 뚜렷해진다.

때론 컬러가 아닌 글로시 메이크업으로 생기 있게!

얼마 전 드라마에 등장한 40대 후반의 한 여배우는 주체할 수 없을 만큼 촉촉함이 넘치는 메이크업으로 모든 여성의 관심을 끌었다. 그야말로 '특급 촉촉함'을 뽐내는 수분감과 완벽한 커버는 신의 한 수였다. 촉촉하고 생기 넘치는 피부가 그 어떤 컬러 메이크업보다 우월하다는 것을 증명해준 셈. 피부 표현에 포인트를 둔 메이크업은 데일리 메이크업으로도 전혀 손색이 없다. 한 방울의 오일만 있다면 감히 그녀의 글로시 메이크업에 도전해볼 수 있다.

기초 제품을 꼼꼼히 바른 후, 메이크업 전에 다시 한 번 수분 에센스를 발라 촉촉한 피부를 만들어준다.

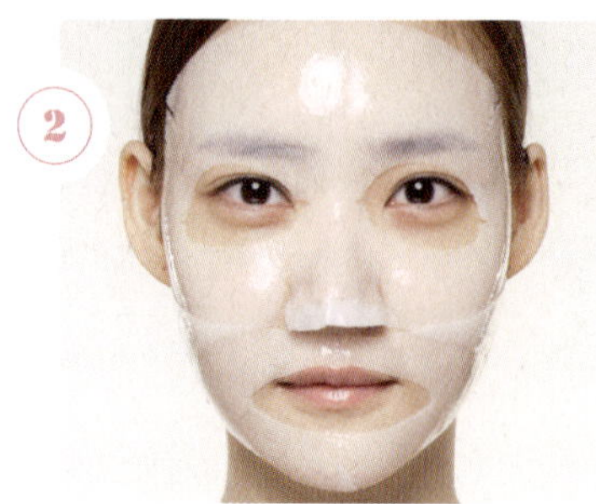

기초 단계에서 충분히 수분 공급을 하지 못했다면 메이크업 직전 수분 마스크를 3분 이내로 붙여둔다.

베이스 메이크업 시작 전 미스트를 뿌려 충분히 수분을 공급한다. 자외선 차단 기능의 미스트를 이용하면 자외선 차단제를 생략해도 된다.

피부 속 조명을 켠 것처럼 화사한 안색을 만들기 위해 미세한 펄이 있는 오팔 핑크 컬러의 메이크업 베이스를 활용한다. 손가락을 이용해 핑크 베이스를 볼, 턱, 이마 중심으로 얇게 펴 바른다.

손가락에 남아 있는 여분의 베이스로 눈가와 코 주변, 입 주변까지 꼼꼼하게 바른다. 경계가 생기거나 뭉치지 않도록 손바닥으로 가볍게 톡톡 두드려준다.

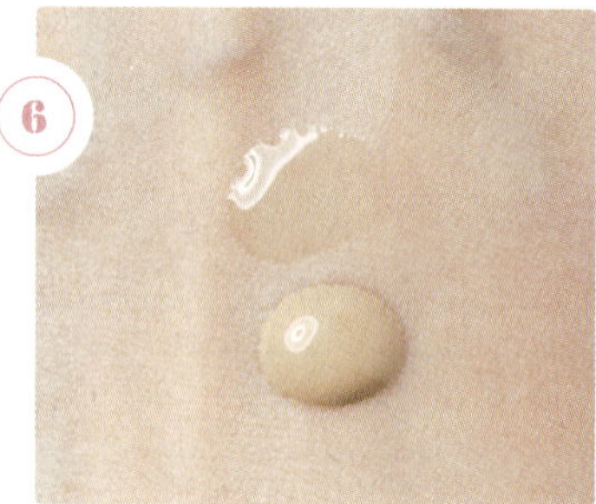

자신의 피부 톤에 맞는 파운데이션에 페이스오일 한 방울을 섞어 함께 바르면 오일막이 코팅제 역할을 하기 때문에 더 촉촉한 피부 연출이 가능하다.

오일을 섞은 파운데이션을 볼, 턱, 이마를 중심으로 얇고 균일하게 펴 바른다. 브러시를 이용해 얼굴 중앙에서 바깥쪽으로 그라데이션하는 느낌으로 발라야 자연스럽게 톤 조절이 가능하다. 브러시에 묻은 여분의 파운데이션으로 눈, 코, 입가까지 꼼꼼하게 바른다.

눈 밑 다크서클과 잡티를 컨실러로 꼼꼼하게 커버한다. 컨실러 브러시를 사용해 잡티를 커버하고 경계가 생기지 않도록 그라데이션해준다.

광채를 더하기 위해 소량의 페이스오일을 라텍스에 묻혀 T존과 C존 부위에 가볍게 두드린다. 리치한 질감의 크림이나 밤을 사용해도 좋다.

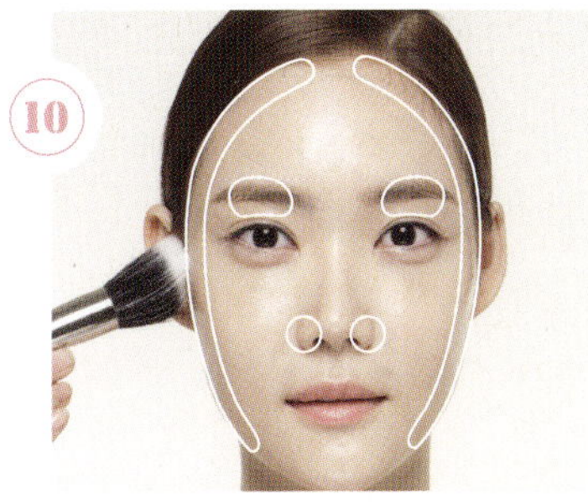

파우더 브러시에 투명 파우더를 묻혀 손등에서 가볍게 털어낸다. 눈썹, 눈두덩, 콧방울, 얼굴 외곽에만 가볍게 터치해 얼굴 중앙 부위는 촉촉함을 유지하도록 한다.

IT COSMETIC

리더스 | 프리미엄 페이셜 케어 바이오 셀 마스크
젤 마스크로 밀착력이 우수하고 얼굴 전체에 퍼지는 수분감으로 촉촉함을 느낄 수 있다. 마스크 대용으로 팩시트에 스킨 혹은 고농축 에센스를 적셔 사용해도 된다.

키엘 | 미드나잇 리커버리 컨센트레이트 오일
과하게 번들거리지 않고 충분히 촉촉한 기능을 하는 오일. 파운데이션에 한 방울만 떨어뜨려도 촉촉한 베이스 메이크업이 가능하다.

엘리자베스아덴 | 에잇 아워 크림 스킨 프로텍턴트
T존과 C존 부위에 발라주면 화장품 광고에서 보는 것 같은 피부 윤기를 살릴 수 있다.

BEAUTY ADVICE

빛나는 광채 피부 연출을 위한 5가지 비밀

① 메이크업 전 솜에 스킨을 듬뿍 적셔 팩처럼 활용한다. 각질이 많은 사람, 열이 많은 사람, 모공이 넓은 사람에게 특히 효과적이며 메이크업 후 시간이 많이 지나도 촉촉함이 유지된다.

② 베이스 시 사용하는 라텍스에 약간의 미스트를 뿌려 촉촉한 상태로 사용하면 훨씬 더 윤기 나는 피부 표현을 할 수 있다. 라텍스가 파운데이션의 수분을 흡수하지 않기 때문이다.

③ 파우더를 사용할 곳과 사용하지 않아야 할 곳을 파악한다. 파우더는 눈썹, 눈두덩, 콧방울, 얼굴 외곽 쪽에만 사용하고 얼굴 안쪽은 생략하여 촉촉함을 그대로 살린다.

④ 입자가 굵은 하이라이터나 팩트 타입의 하이라이터 대신 펄 베이스, 크림 타입의 하이라이터를 사용하여 피부 윤기를 살리면 훨씬 가벼워 보이는 광채 피부를 완성할 수 있다.

⑤ 모공이 넓은 지성 피부라면 매트한 질감의 프라이머를 사용한 후에 베이스 메이크업을 시작하도록 한다.

무결점이라 더 당당한 **매트 스킨 메이크업**

제대로 표현된 매트 스킨 메이크업은 피부가 수분을 가득 머금고 있으면서도 겉으로 보기에는 보송보송한 느낌을 준다. 광채 메이크업만 유독 주목받는 것 같지만 매트한 메이크업의 장점을 적극 활용하면 충분히 트렌디한 메이크 업이 가능하다. 뿐만 아니라 매트한 메이크업은 피부 결점을 훨씬 더 완벽하게 커버할 수 있다. 글로시한 느낌 없이 결점을 완벽 커버하는 것에 포인트를 둔다면 메이크업의 또 다른 매력을 표현할 수 있다.

기초 제품을 꼼꼼히 바른 후, 메이크업 전에 다시 한 번 수분 에센스를 발라 촉촉한 피부를 만들어준다. 매트한 메이크업을 하더라도 수분 공급은 철저하게 해야 한다.

모공을 커버하지 않으면 시간이 지나면서 피지가 올라와 메이크업이 번들거린다. 모공이 도드라지는 부위에 소량의 모공 프라이머를 바른다. 이때 톡톡 두드려 바르지 말고 모공을 채운다는 느낌으로 손가락을 가볍게 굴려서 바르면 된다.

유분이 거의 없는 메이크업 베이스를 소량 덜어 피부 결을 따라 고르게 바른다. 기존에 사용하던 메이크업 베이스를 사용해야 한다면 메이크업 베이스를 바르고 티슈로 유분을 찍어낸다.

유분 없이 밀착력 좋은 파운데이션을 사용해 볼, 턱, 이마를 중심으로 얇고 균일하게 펴 바른다. 브러시를 이용해 얼굴 중앙에서 바깥쪽으로 그라데이션하는 느낌으로 발라야 자연스럽게 커버가 가능하다. 여분의 파운데이션으로 눈, 코, 입가까지 꼼꼼하게 바른다.

점성이 강한 컨실러를 이용해 잡티를 꼼꼼하게 커버한다. 컨실러 브러시를 사용해서 커버하고 경계가 생기지 않도록 그라데이션한다.

컨실러로 커버한 부위에 파우더를 가볍게 발라 지속력을 높인다.

⑦ 입자가 곱고 밀착력이 좋은 파우더 팩트를 이용해 눈가를 제외하고 얼굴 전체를 터치해준다. 너무 두꺼운 메이크업이 되지 않도록 퍼프로 양을 조절해가며 고르게 바른다.

⑧ 눈가는 주름이 부각될 수 있으니 피지를 잡아줄 수 있는 리터칭 파우더를 이용해 얇게 커버한다. 리터칭 파우더가 없을 경우 파우더가 함유된 기름 종이를 사용해도 좋다.

IT COSMETIC

베네피트 | 플레이 스틱
컨실러로도 사용될 만큼 매트한 사용감과 우수한 커버력을 가진 파운데이션 제품이다.

에스티로더 | 더블 웨어 스테이 인 플레이스 컨실러
잘 묻어나지 않고 커버력이 우수한 컨실러다.

로트리 | 연꽃 팩트
피지를 조절하는 기능으로 메이크업이 쉽게 번지지 않고 밀착 커버되는 제품. 두껍게 발리지 않는 사용감이 특징이다.

바비브라운 | 리터칭 파우더
유분 컨트롤 기능으로 파운데이션의 지속력을 높여주고 메이크업이 무너지지 않도록 도와주는 제품. 주로 지성 피부의 눈가 전용 파우더로 유명하다.

갸스비 | 파우더 오일 클리어 페이퍼
유분을 잡아주는 오일 페이퍼 제품. 종이에 묻어 있는 미세한 파우더가루들이 파운데이션의 지속력을 높여주어 눈가를 두껍지 않고 얇게 고정해준다.

BEAUTY ADVICE

매트 스킨 메이크업의 공식

① 매트한 메이크업 베이스, 파운데이션, 컨실러를 사용하되 기초 단계에서는 충분히 수분을 공급해야 한다. 그래야 메이크업을 완성했을 때 잔주름이 부각되지 않는다.

② 매트한 메이크업을 할 때 베이스 제품으로 펄감이 있는 제품은 피한다. 메이크업의 목적에 충실한 메이크업을 해야 원하는 이미지를 연출할 수 있다. 펄감 있는 베이스 제품은 윤기를 가지고 있기 때문에 매트 메이크업의 목적에는 맞지 않다.

③ 모공이 많아 시간이 지날수록 유분이 많이 올라온다면 유분감이 많은 기초 라인이나 밤 타입의 파운데이션은 사용을 자제한다.

④ 블러셔를 사용할 때는 크림 타입의 블러셔보다 가루 타입의 블러셔를 사용하는 것이 좋다. 매트한 베이스 메이크업을 완성하고 크림 타입의 블러셔를 덧바르면 메이크업이 밀릴 수 있으니 주의할 것.

⑤ 루스 파우더는 커버력이 거의 없다. 매트 메이크업에는 커버력 높은 파우더 팩트를 사용하는 것이 좋다. 단, 입자가 고와 밀착이 좋고 수분감이 있는 제품을 사용해야 붉은 기나 잡티를 커버하며 건조함도 예방할 수 있다.

Bronze Tanning

SKILL 1 × SKIN

건강미 넘치는 섹시함, 브론즈 태닝 메이크업

천하의 바람둥이 호날두를 사로잡은 톱 모델 이리나 샤크, 세계에서 가장 섹시한 모델 아드리아나 리마, 말이 필요 없는 섹시 아이콘 비욘세. 그녀들의 공통점은 모두 뜨거운 햇살 아래에서 더 돋보이는 섹시한 브론즈 컬러의 피부를 가지고 있다는 것이다. 글로시하면서도 건강미 넘치는 섹시 피부. 자연 태닝이 아니더라도 충분히 연출 가능하니 도전해보자.

① 기초 제품을 꼼꼼히 바른 후, 메이크업 전에 다시 한 번 수분 에센스를 발라 촉촉한 피부를 만들어준다. 기초 케어의 마지막 단계이자 베이스 메이크업의 시작은 수분 공급이다.

② 기초 제품이 충분히 흡수되면 미스트를 뿌려 이중으로 수분을 공급한다. 자외선 차단 기능의 미스트를 이용하면 자외선 차단제를 생략해도 된다.

③ 옐로우 톤의 메이크업 베이스를 얼굴 전체에 얇게 펴 발라 피부 톤을 고르게 정돈한다.

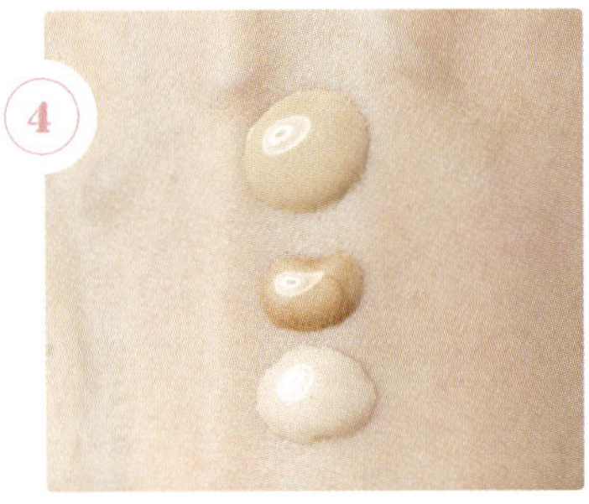

④ 자신의 피부 톤에 맞는 파운데이션과 브론즈 컬러의 브론징 젤, 반짝임을 더할 쉬머링 베이스를 2:1:1로 믹스한다.

⑤ 믹스한 파운데이션을 볼, 턱, 이마를 중심으로 얇고 균일하게 펴 바른다. 브러시를 이용해 얼굴 중앙에서 바깥쪽으로 그라데이션하는 느낌으로 발라야 균일하게 브론즈 컬러를 표현할 수 있다.

⑥ 브러시에 묻은 여분의 파운데이션으로 눈, 코, 입가까지 꼼꼼하게 바른다.

⑦ 자신의 피부 톤과 경계가 생기지 않도록 목, 쇄골 부위까지 얇게 펴 바른다.

⑧ 파운데이션의 밀착력을 높이고 브러시 결을 없애기 위해 라텍스를 사용해 가볍게 두드려준다.

⑨ 탄성이 강한 납작한 브러시에 브라운 컬러의 섀도나 셰이딩 제품을 살짝 묻혀 손등에서 양을 조절한다. 쇄골 안쪽에 얇게 선을 그리고 자연스럽게 블렌딩한다. 쇄골의 음영을 만드는 작업으로 섹시함을 강조할 수 있다.

⑩ 미세한 펄이 있는 투명 파우더를 브러시에 묻혀 T존, C존, 애플존, 인중, 턱에 가볍게 터치한다. 너무 많은 양을 발라 과하게 반짝이는 피부를 연출해서는 안 된다. 아주 소량의 파우더면 충분하다.

⑪ 쇄골 라인에도 파우더를 가볍게 터치한다.

IT COSMETIC

조르지오 아르마니 | 플루이드 쉬머 10
미세한 골드 펄이 포함되어 있는 구릿빛 메이크업 제품. 플루이드 타입이라 파운데이션과 믹스해 사용하면 좋다.

조르지오 아르마니 | 플루이드 쉬머 2
베이지 톤의 은은한 광채가 도는 자연스러운 펄감으로 반짝임을 더할 수 있다.

나스 | 더 멀티플 사우스 비치
브론즈 컬러의 멀티스틱. 셰이딩용으로 써도 좋고 음영감이 있는 섀도로도 사용 가능하다. 쇄골 안쪽 라인 등 셰이딩이 필요한 곳에 사용하면 좋다. 스틱 타입으로 사용하기 편하며 실키한 느낌으로 마무리된다.

로라메르시에 | 시크릿 브라이트닝 파우더
고운 입자의 파우더가 베이스를 고정시켜주고 유분을 잡아주며 파우더 안의 미세한 펄이 피부에 입체감을 더해준다.

BEAUTY ADVICE

태닝 메이크업 주의사항

❶ 태닝 피부의 생명은 윤기와 컬러다. 너무 진한 컬러나 과한 펄은 오히려 피부를 칙칙하고 촌스럽게 만들 수 있으니 주의할 것.

❷ 믹스 파운데이션은 상황에 따라 조절할 수 있다. 브론징 젤을 구하려 애쓰지 말고 자신이 사용하는 파운데이션에 한 톤 진한 파운데이션, 미세한 펄 제품을 2:1:1로 믹스해도 된다.

❸ 얼굴과 목에 경계가 생기지 않도록 주의해야 한다. 평소보다 짙은 컬러의 파운데이션을 사용하기 때문에 톤 차이에 신경 써야 한다.

❹ 태닝 메이크업은 매트하게 표현하지 않아야 한다. 파우더를 얼굴 전체에 바르면 전체적으로 매트한 느낌이 들면서 메이크업이 촌스러워질 수 있다. 미세한 펄감의 파우더로 얼굴의 돌출 부위에만 소량 터치하고 페이스라인 위주로 펄 없는 파우더를 바르면 된다. 셰이딩 과정 없이도 자연스러운 셰이딩 효과를 연출할 수 있다.

❺ 짙은 아이 메이크업은 피한다. 태닝 메이크업의 포인트는 브론즈 컬러의 피부. 과한 아이 메이크업은 강약 조절에 실패한 메이크업이 될 위험이 높다.

고양이 눈매 **샤이니 키튼 메이크업**

차갑고 도도한 고양이 눈매는 많은 여성들이 표현하고 싶어 하는 눈매 중 하나다. 하지만 자칫 메이크업이 진해지거나 나이 들어 보일 수 있는 메이크업이기도 하다. 진한 컬러 섀도의 사용을 자제하고 핑크, 피치, 베이지, 골드, 민트 등 은은한 파스텔 컬러를 사용해 최대한 깔끔하게 표현하면 어려 보이는 고양이 눈매를 완성할 수 있다. 샤이니 키튼 메이크업은 또렷하고 매력적인 눈매지만 귀여운 이미지까지 더해주는 고양이 눈매의 동안 버전 메이크업이다.

헤어 컬러와 비슷한 컬러의 아이브로우 마
스카라를 이용해 눈썹 결의 반대 방향으로
한 번, 눈썹 결대로 한 번 빗어 컬러를 균일
하게 맞춘다.

눈두덩 전체에 아이 베이스를 발라 섀도의
컬러감과 밀착력을 높인다.

미세한 펄 입자가 함유된 파스텔 옐로우 컬
러 섀도를 눈두덩에 넓고 고르게 펴 바른다.

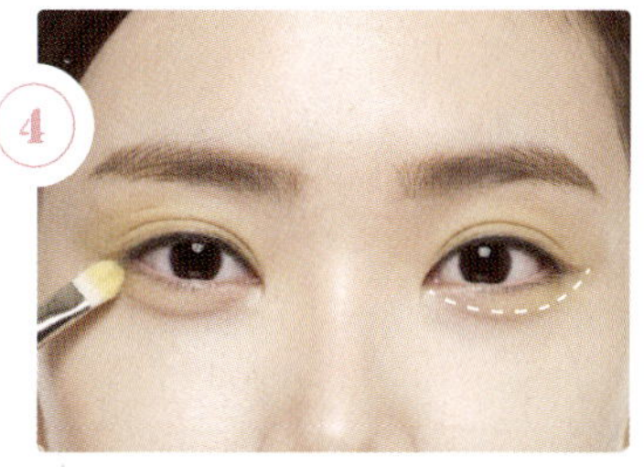

베이스 섀도와 동일한 컬러의 섀도를 눈 밑
언더라인 부분에 펴 발라 연결성을 준다.

미세한 펄이 함유된 시원한 민트 컬러 섀도
를 쌍꺼풀보다 조금 더 넓게 펴 바른다. 홑꺼
풀의 경우 눈두덩의 3분의 1만큼 펴 바르면
된다.

블랙 젤 라이너를 이용해 눈의 점막을 꼼꼼
히 채워 두껍지 않게 라인을 그린다.

눈꼬리 부분은 5mm 정도만 길게 빼서 날렵
하게 그린다.

납작한 브러시에 다크 네이비 컬러의 섀도
를 묻혀 분첩이나 손등에서 양을 조절한다.
아이라인 위에 자연스럽게 덧바른다.

브러시에 묻은 여분의 섀도를 이용해 눈꼬
리에서 눈 앞머리 쪽 3분의 2 지점까지 연결
성 있게 바른다. 이때 3분의 1지점까지는 진
하지 않은 정도로 바르고 나머지 3분의 1지
점까지는 그라데이션하는 느낌으로만 펴 바
른다.

반짝반짝 빛나는 리퀴드 펄 코트를 눈 앞머리를 감싸며 언더라인 3분의 1지점까지 얇게 바른다. 밝은 컬러의 섀도나 펜슬을 이용해도 좋다.

뷰러를 이용해 속눈썹 뿌리부터 끝까지 3단계에 걸쳐 집어주며 컬을 만든다.

마스카라로 속눈썹 윗면을 한 번 쓸어내리고 뿌리부터 꼼꼼하게 바른다. 길고 풍성한 속눈썹을 연출해야 눈매가 더욱 또렷해 보인다.

FINISH

파스텔 톤 섀도로 여성스럽고
귀여운 새끼 고양이 눈매 완성.!

에뛰드하우스 | 룩 앳 마이 아이즈 쥬얼 'BE106 노랑 물고기'
미세한 펄 입자가 들어 있는 옐로우 컬러 섀도로 발색력이 뛰어나다.

토니모리 | 딜라이트 모노 섀도 '05 멜론 민트'
미세한 반짝임을 지닌 에메랄드빛의 섀도. 크림 같이 매끄러운 사용감으로 부드럽게 발리고 발색력도 뛰어나다.

토니모리 | 딜라이트 모노 섀도 글리터 '12 불금 네이비'
촉촉하고 크림 같이 부드러운 딥 네이비 컬러의 섀도. 발색력이 뛰어나 포인트 섀도로 적합하다.

키스미 | 헤비 로테이션 샤이니 쥬얼 아이라이너
리퀴드 타입이라 날림 없이 피부에 밀착되어 오랜 시간 지속될 수 있다.

BEAUTY ADVICE

샤이니 키튼 메이크업 컬러 조합

❶ 골드+브라운
섹시하고 고혹적인 느낌을 준다.

❷ 민트+브라운
차분하면서도 경쾌한 느낌을 동시에 준다.

❸ 피치+와인
여성미가 강조되면서도 부드러운 느낌의 포인트가 매력적이다.

❹ 옐로우+그린
상큼하고 청량한 느낌을 준다.

❺ 핑크+퍼플
사랑스럽고 도발적인 느낌이 동시에 나면서 이지적인 느낌을 준다.

그윽한 눈매로 만드는 **세미 스모키 메이크업**

도시적이고 섹시한 느낌이 좋아 과감하게 스모키 메이크업을 시도해보지만, '왜 유독 내 눈에만 안 어울릴까?'라는 생각을 한 적이 있는가? 정말 스모키 메이크업은 메이크업 고수나 화보 속 그녀들이 아니면 소화할 수 없는 걸까? 짙은 컬러의 스모키 메이크업에 대한 미련만 버린다면 누구라도 세련된 눈매를 연출할 수 있다. 해답은 브라운 컬러와 라인으로 완성하는 세미 스모키 메이크업.

헤어 컬러와 비슷한 컬러의 아이브로우 마스카라로 눈썹 결을 정돈한다.

눈두덩 전체에 아이 베이스를 발라 섀도의 컬러감과 밀착력을 높인다.

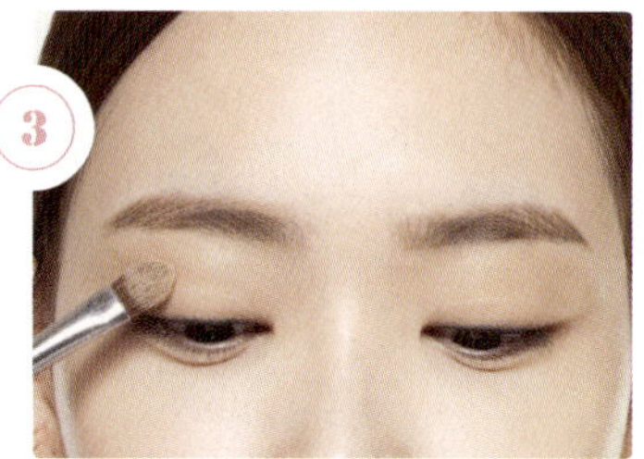

누드 베이지 컬러의 섀도를 눈두덩 전체에 균일하게 발라 깔끔하게 베이스 섀도를 완성한다.

펄이 없는 붉은 계열의 옅은 브라운 컬러 섀도를 쌍꺼풀 라인보다 살짝 위로 깔끔하게 발라 눈의 음영을 표현해 깊이감을 준다.

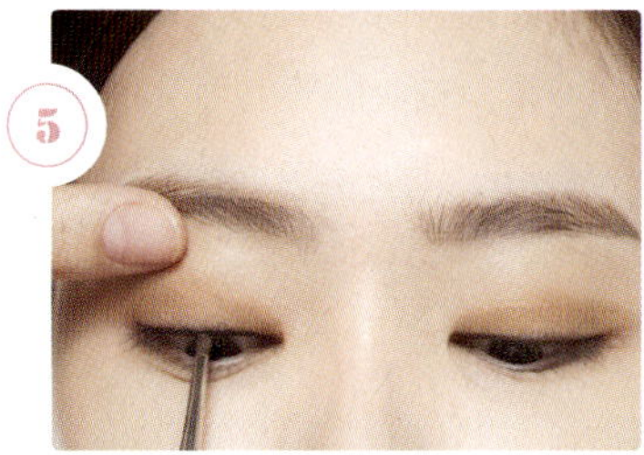

딥 브라운 컬러의 젤 아이라이너로 속눈썹 사이사이를 꼼꼼히 채워 라인을 그린다. 라인이 너무 두꺼워지지 않도록 주의한다.

눈꼬리 부분은 뒤로 5mm 정도만 날렵하게 빼서 그린다. 자신의 눈 모양에 맞춰 올려 그릴지, 내려 그릴지를 정하면 된다.

은은한 펄이 있는 딥 브라운 펜슬로 눈 밑 언더라인 전체에 라인을 그린다. 언더 점막을 꼼꼼히 메꿔 라인을 그리면 된다.

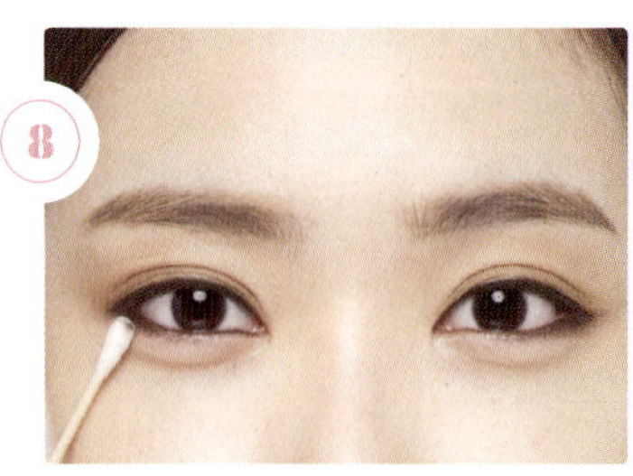

면봉으로 언더라인을 가볍게 쓸어줘 자연스러움을 더한다.

펄이 함유된 딥 브라운 컬러의 섀도를 탄력 있고 납작한 브러시에 묻힌다. 손등에서 양을 조절해 아이라인 위에 덧바른다.

같은 방법으로 언더라인을 따라 펄이 함유된 딥 브라운 컬러의 섀도를 덧바른다. 언더라인이 너무 짙고 또렷해지면 메이크업이 과해 보일 수 있으니 소량의 섀도만 덧바른다.

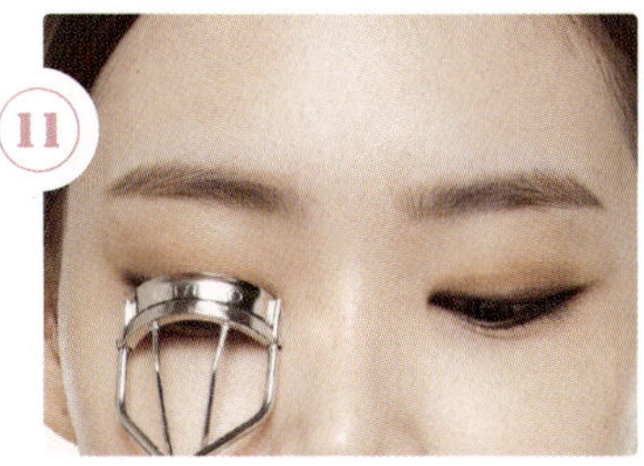

뷰러를 이용해 속눈썹 뿌리부터 끝까지 3단계에 걸쳐 집어주며 컬을 만든다.

마스카라로 속눈썹 윗면을 한 번 쓸어내리고 뿌리부터 꼼꼼하게 바른다. 속눈썹 끝 쪽보다 뿌리 쪽을 공들여 발라야 또렷하고 그윽한 눈매를 완성할 수 있다.

FINISH

IT COSMETIC

바비브라운 | 아이섀도 '토스트'
펄이 없는 붉은 계열의 옅은 브라운 컬러가 매트하면서도 실키한 느낌으로 음영을 주어 눈에 깊이감을 더해준다.

나스 | 아이페인트 '메소포타미아'
부드러운 질감의 젤 타입 아이라이너. 브라운 컬러의 젤 라이너가 속눈썹 사이사이를 자연스럽게 채워 또렷하지만 부드러운 눈매를 연출한다.

맥 | 테디 펜슬
부드럽고 크리미한 질감으로 스모키 메이크업을 표현하기에 효과적인 아이 펜슬이다.

나스 | 싱글섀도 '갈라파고스'
딥 브라운 컬러에 은은한 골드펄이 함유되어 있어 고급스럽고 신비한 느낌으로 연출이 가능하다. 발색이 좋으며 가루날림이 적다.

스모키 메이크업에 어울리는 립 컬러

❶ 누디한 베이지 컬러
누디한 느낌의 베이지 컬러로 입술 톤을 다운시키면 짙은 스모키 메이크업이 더 돋보일 수 있다.

❷ 페일 핑크 컬러
모던한 느낌의 블랙, 그레이 조합의 스모키 메이크업이라면 창백한 느낌의 페일 핑크 컬러를 선택하는 것도 좋다.

❸ 톤 다운된 피치 컬러
베이지 컬러가 심심한 느낌이라면 혈색을 주는 정도의 톤 다운된 피치 컬러를 선택하는 것도 좋다.

청초함에 숨겨진 반전,
컬러 아이라인 메이크업

매일 하는 메이크업에도 때론 반전이 필요하다. 반전에 필요한 것은 상식을 뛰어넘는 포인트에 있다. 깨끗한 베이스 메이크업에 옅은 핑크 컬러의 립 컬러가 어울릴 것 같지만 핫한 레드 컬러를 바르면 그게 바로 포인트가 된다. 깨끗하고 청초한 메이크업에 보일 듯 말 듯한 컬러 아이라인으로 포인트를 더하면 드라마틱한 반전을 연출할 수 있다.

헤어 컬러와 비슷한 컬러의 아이브로우 마스카라로 눈썹 결을 정리한다.

눈두덩 전체에 아이 베이스를 발라 섀도의 컬러감과 밀착력을 높인다.

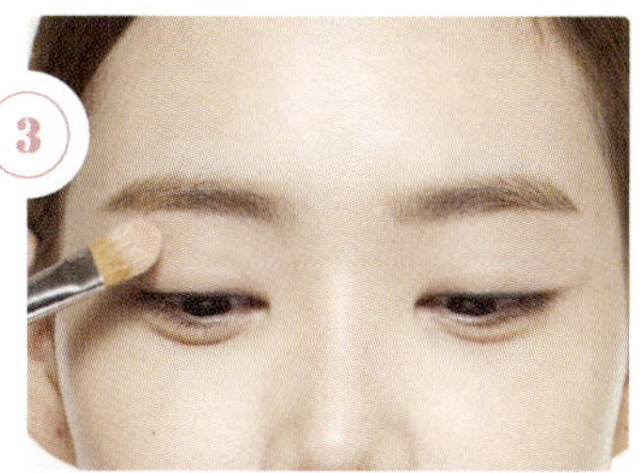

핑크빛이 감도는 연한 베이지 컬러의 섀도를 눈두덩 전체에 균일하게 펴 바른다.

눈 밑 언더라인에도 같은 컬러의 섀도를 연결성 있게 펴 바른다.

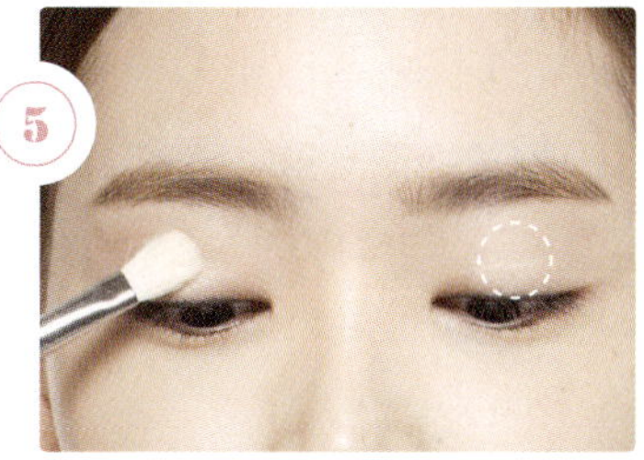

미세한 펄이 있는 밝은 베이지 컬러의 섀도를 눈두덩 중앙에만 동공 크기로 펴 발라 하이라이트를 준다.

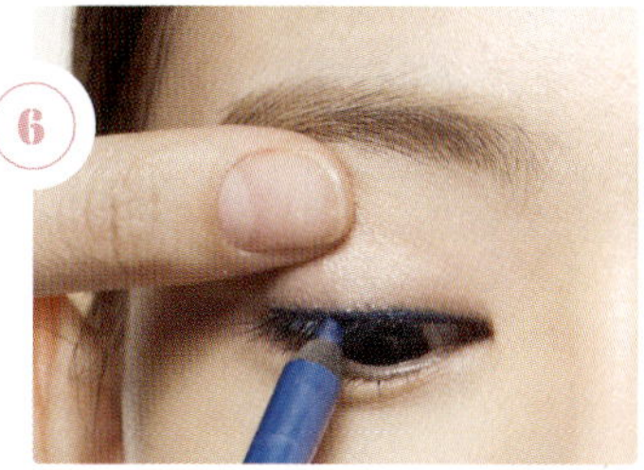

청량감이 느껴지는 블루 컬러의 젤 펜슬 라이너를 이용해 속눈썹을 꼼꼼히 채우며 도톰하게 아이라인을 그린다.

눈꼬리 부분은 뒤로 5mm 정도만 날렵하게 빼서 그린다.

부드러운 브러시에 투명 파우더를 묻혀 손등에서 가볍게 털어낸 후 컬러 아이라인을 따라 톡톡 두드려 지속력을 높인다.

브라운 컬러의 젤 라이너로 속눈썹 사이사이를 채우며 최대한 얇게 라인을 그린다.

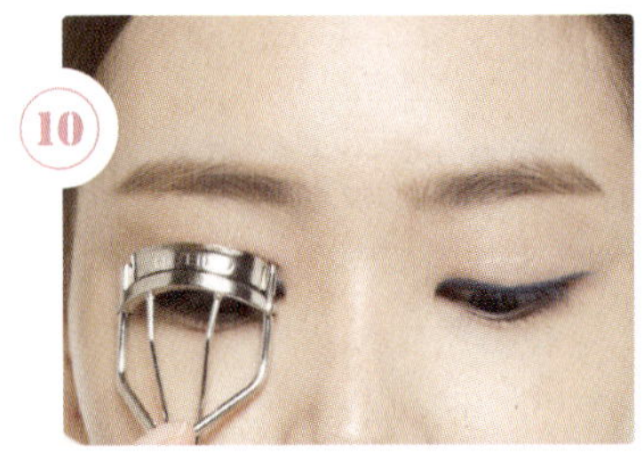

뷰러를 이용해 속눈썹 뿌리부터 끝까지 3단계에 걸쳐 집어주며 컬을 만든다.

마스카라로 속눈썹 윗면을 한 번 쓸어내리고 뿌리부터 꼼꼼하게 바른다. 속눈썹 끝쪽보다 뿌리 쪽을 공들여 발라야 또렷한 눈매를 완성할 수 있다.

언더라인에도 마스카라를 발라 또렷한 눈매를 만들어준다. 언더라인에 마스카라를 바를 때는 마스카라를 똑바로 세워 발라야 쉽게 바를 수 있다.

FINISH

IT COSMETIC

아리따움 | 모노 아이즈 '누드 글로우 6'
은은한 베이지 펄의 크림섀도가 눈을 입체감 있게 만들어준다.

클리오 | 젤프레소 워터프루프 아이라이너 '라이트블루'
매혹적인 블루 컬러로 시원하고 반짝이는 눈매 연출이 가능하다. 얇게 펴 발라 포인트 섀도로 활용도 가능하다.

나스 | 아이페인트 '메소포타미아'
부드러운 질감의 젤 타입 아이라이너. 브라운 컬러의 젤 라이너가 속눈썹 사이사이를 자연스럽게 채워 또렷하지만 부드러운 눈매를 연출한다.

BEAUTY ADVICE

컬러 아이라인 메이크업 시 주의사항

❶ 컬러 선택
레드나 버건디 컬러는 눈을 피곤해 보이게 만들고 라인을 그렸을 때 너무 과한 이미지를 줄 수 있다. 이런 컬러의 아이라인은 가급적 피하는 것이 좋다.

❷ 번짐 방지
쌍꺼풀 라인에 짙은 컬러의 라인을 그리기 때문에 시간이 지나면서 유분이나 땀에 아이라인이 번질 위험이 있다. 반드시 워터프루프 기능의 라인을 사용하고 아이라인을 그린 후 투명 파우더를 덧발라 지속력을 높이는 것이 중요하다.

3. 발색력 증가
컬러 아이라인은 눈에 띄는 포인트가 되어야 한다. 쨍한 발색을 표현하는 것이 관건. 반드시 베이스 섀도는 옅게 표현해야 하고 아이 베이스를 발라 아이라인의 발색력을 높여야 한다.

블링블링 과하지 않게
글리터 활용하기

보석처럼 빛나는 아이 메이크업을 완성하는 절대 아이템은
단연 글리터와 피그먼트. 두 가지 모두 반짝이는 가루 타입
의 제품으로, 파티 메이크업이나 포인트 메이크업에 주로
사용된다. 피그먼트가 입자가 작고 화려한 펄 느낌이라면,
그보다 입자가 크고 선명한 반짝임을 가진 것이 글리터다.
때문에 입자가 큰 글리터를 눈두덩 전체에 사용하면 다소
과한 메이크업이 연출될 수 있으니 핵심 부위에만 소량으로
사용해야 한다. 바르는 위치에 따라 느낌을 달리 표현할 수
있는 글리터의 기특한 활용법을 짚어본다.

글리터로 시선을 집중시키기 때문에 아이브로우 역시 너무 과해서는 안 된다. 자신의 헤어 컬러에 맞는 브로우 마스카라로 가볍게 결만 정리한다.

크림 타입의 섀도를 바르기 전에 눈두덩의 톤을 조절하고 발색력을 높이기 위해 아이 베이스를 얇고 고르게 펴 바른다.

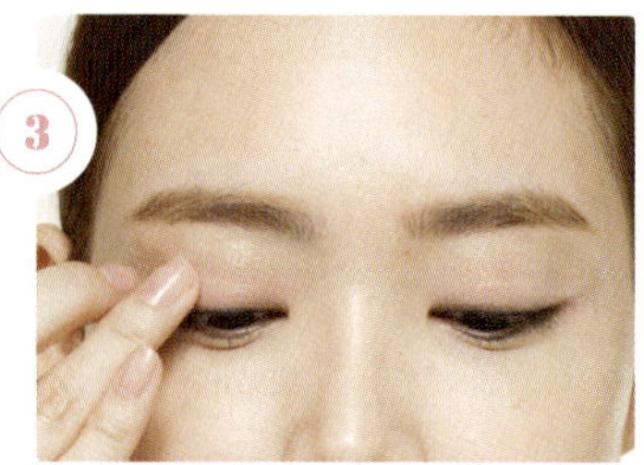

연한 핑크 컬러의 크림 타입 베이스 섀도를 눈두덩 전체에 얇고 균일하게 펴 바른다. 글리터의 밀착력을 높이기 위해 반드시 크림 타입을 선택하는 것이 좋다.

동일한 컬러의 크림 섀도를 눈 밑 언더라인에 연결성 있게 펴 바른다.

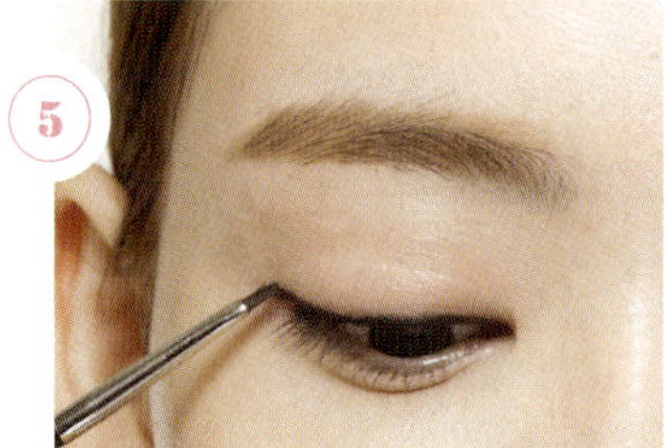

블랙 젤 라이너를 이용해 속눈썹 사이사이를 채워 얇게 라인을 그린다. 눈꼬리 부분은 5mm만 빼서 날렵하게 그린다.

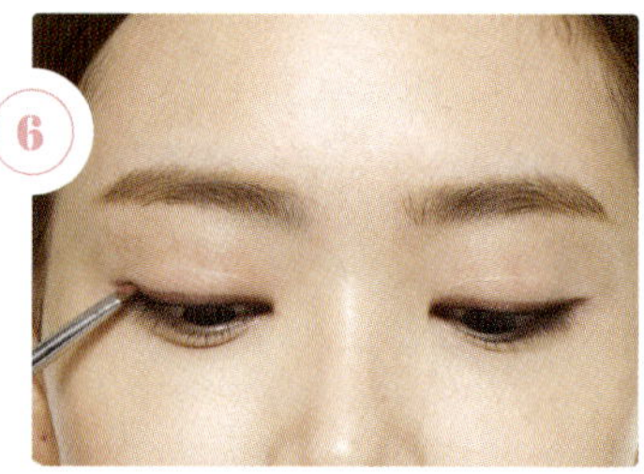

은은한 펄이 있는 톤 다운된 핑크 컬러의 섀도를 아이라인 위에 톡톡 두드려 바른다.

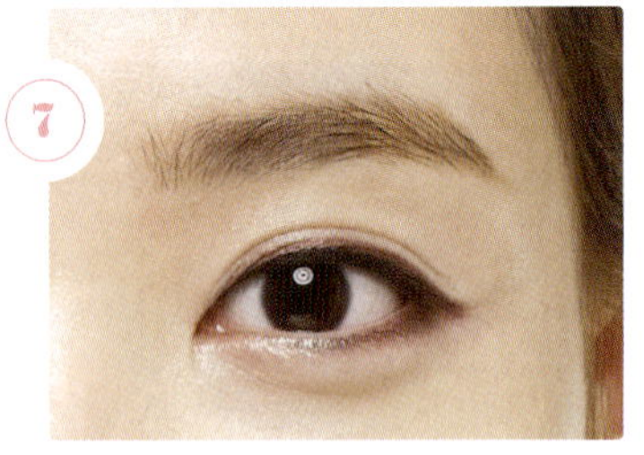

은은한 펄감이 있는 톤 다운된 핑크 컬러의 섀도를 언더라인 3분의 1지점까지 연결성 있게 바른다.

글리터를 바를 브러시에 미스트를 뿌려 촉촉하게 적신다. 마른 브러시로 글리터를 바르면 밀착력이 떨어져 가루날림이 심해질 수 있다.

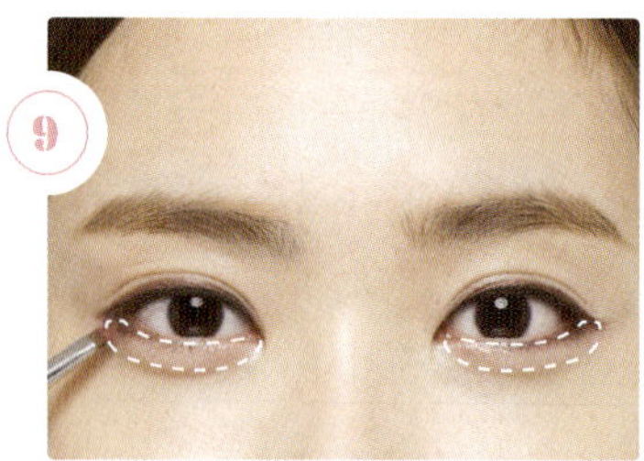

① 언더라인 글리터 바르는 법
적셔놓은 브러시에 화사한 느낌의 핑크 컬러 글리터를 묻혀 언더라인에 바른다. 브러시를 문지르지 말고 톡톡 두드려 발라야 밀착력을 높일 수 있다.

② **앞머리 글리터 바르는 법**
화이트 컬러감이 있는 오팔 컬러의 글리터를 적셔둔 브러시에 묻혀 눈 앞머리를 감싸 듯 밀착력 있게 바른다. 브러시를 문지르지 말고 톡톡 두드려 발라야 밀착력을 높일 수 있다.

③ **눈꼬리 글리터 바르는 법**
떨어진 글리터가 얼굴에 묻지 않도록 눈 밑에 티슈를 댄다. 톤 다운된 핑크 컬러 글리터를 적셔둔 브러시에 묻혀 눈꼬리 부분에만 톡톡 두드려 바른다. 브러시를 문지르지 말고 톡톡 두드려 발라야 밀착력을 높일 수 있다.

뷰러를 이용해 속눈썹 뿌리부터 끝까지 3단계에 걸쳐 집어주며 컬을 만든다.

마스카라로 속눈썹 윗면을 한 번 쓸어내리고 뿌리부터 꼼꼼하게 바른다. 속눈썹 끝 쪽보다 뿌리 쪽을 공들여 발라야 또렷한 눈매를 완성할 수 있다.

IT COSMETIC

미샤 | 더 스타일 모노터치 섀도 'CBE01'
촉촉하고 소프트한 핑크빛 크림 타입 섀도. 크림 타입이라 밀착력이 우수하여 오랫동안 촉촉한 눈매 연출이 가능하다.

메이크업포에버 | 스타파우더 '핑크&화이트'
섬세한 입자의 다이아몬드 파우더로 거울이 빛을 받아 반사한 듯 투명하고 촉촉한 반짝임을 선사한다.

에뛰드하우스 | 반짝 눈물 파우더 '3호 크리스탈 바이올렛 눈물'
밝은 톤의 글리터가 눈 앞머리를 감싸주어 시원한 앞트임 효과를 준다.

맥 | 홀리데이 컬렉션 녹터널 글리터 '실버&바이올렛'
굵은 핑크 펄의 입자가 눈매를 과하지 않게 커 보이는 효과를 준다.

BEAUTY ADVICE

글리터 바르는 노하우

❶ 글리터 사용 전, 눈 밑 부위에 투명 파우더를 바른다. 글리터 사용 후 브러시로 가볍게 털어내면 글리터가 얼굴에 붙어도 깔끔하게 털어낼 수 있다.
❷ 밀착력을 높이기 위해 크림 섀도를 바른다.
❸ 가루날림으로 얼굴에 떨어지는 글리터를 최소화하기 위해 브러시에 미스트를 뿌려 사용하고 얼굴에는 티슈를 대고 바른다.
❹ 문지르지 말고 톡톡 두드려 발라야 밀착력이 높아진다.

바비 인형 눈매 따라잡기, 인조 속눈썹 사용 팁

바비 인형의 이미지가 천차만별이듯 바비 인형 메이크업도 여러 가지 표현 기법을 가지고 있다. 하지만 바비 메이크업의 정확한 포인트를 짚어내지 못하면 전혀 다른 메이크업이 될 수도 있다는 사실. 아찔하게 올라간 풍성한 속눈썹, 또렷한 아이라인은 바비 인형 메이크업의 핵심 포인트다. 속눈썹 사이사이에 심어 포인트를 줄 수 있는 인조 속눈썹을 사용하면 실패 없이 바비 인형 눈매를 완성할 수 있다.

헤어 컬러와 비슷한 컬러의 아이브로우 마스카라로 눈썹 결과 톤을 정리한다.

눈두덩 전체에 아이 베이스를 발라 섀도의 컬러감과 밀착력을 높인다.

펄이 없는 베이비 핑크 섀도를 눈두덩 전체에 얇게 펴 바른다.

눈 밑 언더라인에도 같은 컬러의 섀도를 연결성 있게 펴 바른다.

브라운 컬러의 젤 라이너를 이용해 속눈썹 사이사이를 채워 얇고 또렷하게 라인을 그린다.

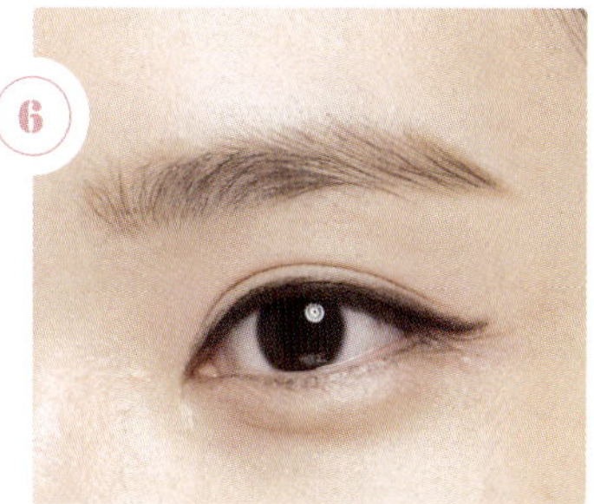

눈꼬리보다 8mm 정도 길게 라인을 빼서 그린다. 눈꼬리를 살짝 들어 날렵하게 빼는 것이 포인트. 청순한 느낌을 표현하고 싶다면 눈꼬리의 각도를 조금 내리거나 일자로 그리면 된다.

펄이 함유된 딥 브라운 컬러의 섀도를 사용해 아이라인을 따라 덧발라준다. 눈꼬리 부분 역시 라인을 따라 얇게 덧바르면 된다.

펄이 함유된 딥 브라운 컬러의 섀도를 눈 밑 언더라인 3분의 2지점까지 연결성 있게 바른다. 이때 속눈썹 사이사이를 꼼꼼히 채워 바른다.

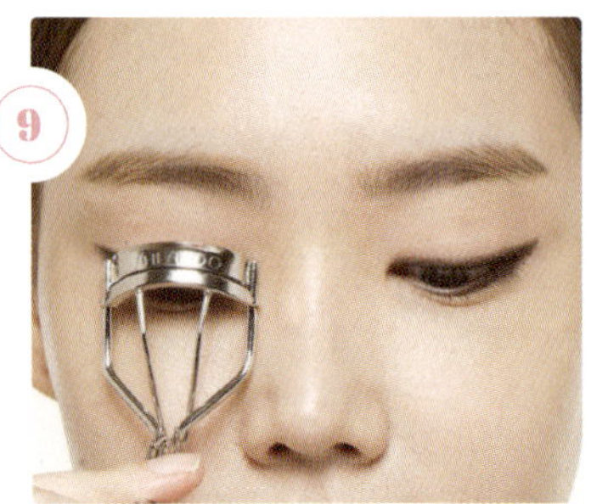

뷰러를 이용해 속눈썹 뿌리부터 끝까지 3단계에 걸쳐 집어주며 컬을 만든다.

길고 풍성한 속눈썹을 연출할 수 있는 마스카라로 속눈썹 윗면을 한 번 쓸어내리고 뿌리부터 지그재그로 발라 뭉치지 않게 정리한다. 두 번 정도 덧발라 길고 풍성한 눈썹을 만든다.

마스카라를 세로로 세워 언더라인에도 고르게 바른다. 언더 마스카라도 두 번 정도 덧발라 풍성함을 연출한다.

속눈썹 대에 속눈썹 전용 글루를 바르고 눈 앞머리에서 2~3mm 떨어진 위치부터 2mm 간격으로 인조 속눈썹을 붙인다. 낱개로 떨어진 속눈썹을 사용하면 자연스럽게 붙일 수 있다. 자신의 속눈썹에 최대한 바짝 붙여야 자연스럽다.

눈꼬리 부분은 아이라인 두께의 중앙쯤 오도록 살짝 올려서 붙여야 눈매가 처져 보이지 않는다.

족집게를 이용해 눈썹 글루가 완전히 마르기 전에 탄탄하게 밀착시킨다. 손가락을 이용해 살짝 쓸어 올려 원래 속눈썹과 각도가 맞도록 정리한다.

FINISH

IT COSMETIC

시세이도 | 뷰러
동양 여성의 눈꺼풀 모양과 눈의 폭에 맞게 설계되어 있어 안전하게 사용 가능한 제품. 눈썹이 직각으로 꺾이지 않고 드라마틱한 컬을 만들 수 있다.

랑콤 | 버츄어스 프레셔스 셀 마스카라
드라마틱한 컬링으로 매혹적인 속눈썹을 만들어주는 마스카라다.

아이미 속눈썹
모던하고 시크한 눈매 표현부터 섹시하고 고혹적인 아이 메이크업까지 가능한 인조 속눈썹. 두세 가닥의 눈썹이 따로따로 떨어져 있는 피스 타입을 선택하면 초보자도 자연스러운 속눈썹 연출이 가능하다.

BEAUTY ADVICE

속눈썹 자연스럽게 붙이는 방법

❶ 앞머리에 너무 가까이 붙이지 않는다. 앞머리로부터 2~3mm 떨어진 지점부터 붙여야 자연스럽게 연출할 수 있다.

❷ 속눈썹 글루를 바를 때는 얇은 이쑤시개를 사용하면 된다. 속눈썹 대에 글루를 직접 바르면 너무 많은 양이 발릴 수 있다. 오히려 접착력은 떨어지고 속눈썹이 뭉치기 때문에 자연스럽지 못하다. 이쑤시개에 소량의 글루를 묻혀 양을 조절한 후 속눈썹 대에 바르면 된다.

❸ 속눈썹을 붙이기 전에 라인을 그리고 마스카라를 바른다. 속눈썹을 붙인 후 라인을 그리면 속눈썹 때문에 깨끗하게 라인을 그릴 수 없다. 마스카라 역시 속눈썹을 붙인 후 바르면 속눈썹이 떨어지거나 뭉쳐서 인위적인 느낌이 들 수도 있다. 단, 인조 속눈썹과 속눈썹이 떨어져 있어 인위적일 때는 마스카라를 사용해 속눈썹과 인조 속눈썹을 붙여준다는 느낌으로 살짝 터치해준다.

립 컬러별 이미지 변신 팁

특정 립 컬러가 주는 이미지를 단정할 수는 없지만 각 컬러의 메인 이미지는 분명 존재한다. 청순한 메이크업을 생각하면서 진한 레드 컬러의 립스틱을 선택하지 않는 것도 분명 레드 컬러가 갖는 도시적 느낌이나 섹시함 때문일 것. 각 컬러가 주는 대표적인 이미지를 파악하고 메이크업 방향을 정확히 한다면 적어도 컬러 선택에 있어 실패할 확률은 크게 줄어든다. 때문에 실패 없이, 가장 손쉽고 빠르게 이미지를 변신시킬 수 있는 핫존은 입술임에 틀림없다.

섹시한 이미지를 만드는 레드 컬러

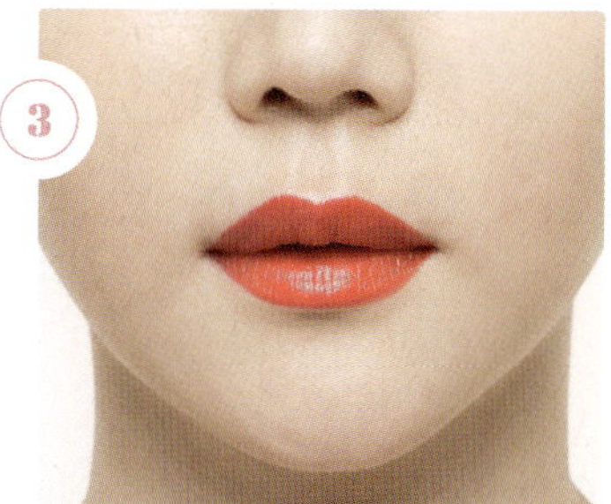

레드 컬러 립 메이크업을 연출할 때 베이스 메이크업은 탁하지 않게 표현해야 한다. 밝고 화사하지만 자연스럽게 베이스 메이크업을 완성해야 전체적인 룩이 과하지 않다.

아이 메이크업 역시 컬러감을 최대한 자제하고 깨끗하게 표현하는 것이 중요하다. 다만 또렷한 눈매를 위해 얇은 아이라인과 풍성한 속눈썹을 연출해야 립 메이크업과 밸런스를 맞출 수 있다.

립 라인이 번지지 않도록 입꼬리까지 컨실러로 완벽하게 정리해야 한다. 립스틱을 바를 때는 립 브러시를 이용해 가이드라인을 표시해 두면 실수 없이 짙은 컬러의 레드 립스틱을 바를 수 있다. 립 라인을 따라 컬러를 바르고 입술 안쪽을 채우면 된다. 입꼬리 부분도 꼼꼼하게 채워야 탐스러운 입술을 연출할 수 있다.

생기 넘치는 이미지를 만드는 **오렌지 컬러**

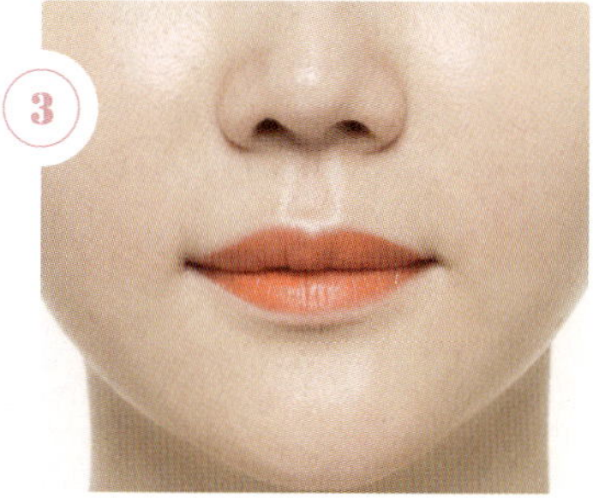

오렌지 컬러의 립스틱은 베이스 메이크업을 할 때 얼굴의 노란 기를 보정하는 것이 중요하다. 글로시한 피부보다 매트한 피부에 더 잘 어울리는 컬러다.

아이라인을 또렷하게 그리고 속눈썹의 컬을 살려 풍성하게 마스카라를 바르는 것으로 마무리하면 된다.

경쾌한 느낌의 오렌지 컬러 립 메이크업을 연출할 때는 글로시한 타입보다는 매트한 타입을 선택하는 것이 좋다. 립스틱을 바르기 전 립 컨실러로 입술라인을 깔끔하게 정리하는 과정이 필수다.

그윽한 이미지를 만드는 **브라운 컬러**

Brown

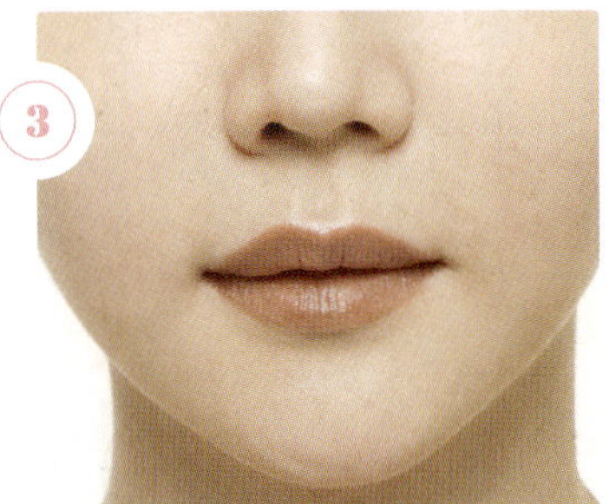

브라운 컬러의 립스틱은 화사한 컬러의 립스틱이 아니기 때문에 피부 톤을 화사하게 만들어주는 것이 좋다. 본인 피부 톤에 맞는 파운데이션을 전체적으로 얇게 바른 후, 하이라이트가 필요한 얼굴 중앙 부분에는 한 톤 더 밝은 제품으로 입체감 있게 마무리 한다.

브라운 립의 그윽함을 더하기 위해 아이 메이크업을 과하게 강조하기보다는 음영 섀도를 이용하여 깊이감만 더하는 것이 좋다. 속눈썹 뿌리부터 꼼꼼하게 마스카라를 발라 눈매를 조금 더 그윽하게 연출해준다.

그윽하고 분위기 있는 브라운 립 컬러를 잘 표현하기 위해서는 매우 글로시한 느낌보다는 살짝 매트한 느낌의 제품을 사용하는 것이 좋다. 가벼워 보이지 않고 분위기 있는 룩을 연출할 수 있다. 하지만 너무 건조해 보이지 않기 위해 립스틱을 바른 후 투명한 립밤을 입술 안쪽에 발라 입술이 메말라 보이지 않게 한다.

여성스러운 이미지를 만드는 **핑크 컬러**

Pink

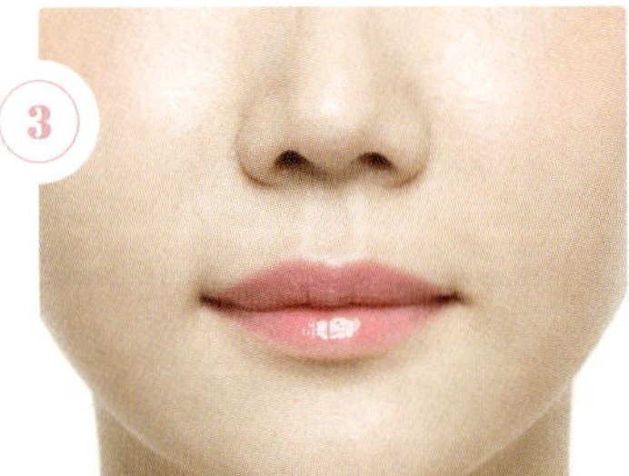

핑크 컬러의 립은 러블리한 느낌을 주기에 알맞은 컬러다. 베이스 메이크업 단계부터 생기를 표현해주면 조금 더 여성스러운 느낌의 룩을 연출할 수 있다. 핑크빛이 가미된 파운데이션에 멀티 밤을 소량 섞어 얇게 펴 바르면 부드러운 피부 결과 생기 있는 베이스 메이크업이 완성된다.

피치 톤의 아이섀도를 사용하여 깨끗하면서도 그윽하고 사랑스러운 눈매를 연출한다. 짙은 블랙 컬러의 아이라인보다는 브라운 톤의 아이라이너를 사용해 눈꼬리를 살짝 내려 그리면 부드러운 이미지를 연출할 수 있다.

여성들이 가장 사랑하는 컬러지만 과한 느낌은 다소 부담스러울 수 있다. 살짝 글로시한 느낌의 핑크 립스틱을 립 라인 안쪽으로 채운다는 느낌으로 깨끗하게 바르면 여성미를 한층 업그레이드할 수 있다.

순수한 이미지를 만드는 **누디 베이지 컬러**

Beige

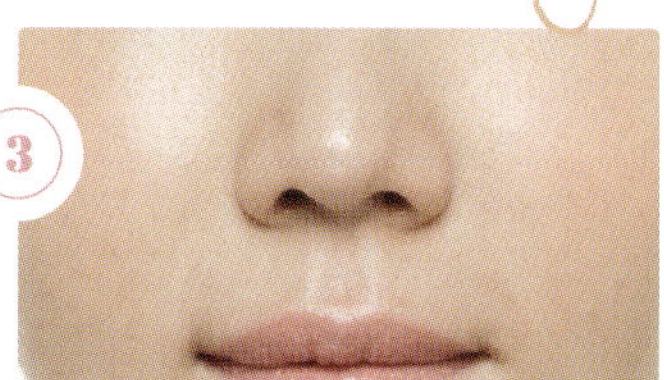

누디 베이지 컬러의 립을 살리기 위해서는 깨끗한 피부 표현이 중요하다. 피부 톤에 맞는 파운데이션을 결을 살려 얇게 잘 펴 바른 후 하이라이트가 필요한 애플존이나 T존 등에 소량의 멀티 크림을 사용하여 자연스러운 광을 표현해준다. 무엇보다 컨실러를 이용해 잡티를 완벽하게 커버해주는 것이 중요하다.

아이라인을 그릴 때는 점막을 꼼꼼하게 채워 얇고 또렷하게 그린다. 뷰러를 이용해 속눈썹 컬을 살리고 투명 마스카라를 이용해 뚜렷한 눈매를 만든다. 블랙 마스카라로 볼륨감 넘치는 속눈썹을 연출하는 것보다 깔끔하게 컬만 살리는 게 훨씬 순수한 느낌을 줄 수 있다.

컨실러나 파운데이션을 이용하여 입술 주변과 입술 톤을 깨끗하게 정돈한다. 자칫 생기 없는 메이크업이 될 수 있으니 너무 과장되지 않게 립 컬러를 바르는 것이 중요하다. 컬러를 진하게 바르기보다는 스치듯 자연스럽게 발라준 후 투명 립글로스를 입술 중앙에 얹는 느낌으로 가볍게 발라주면 순수한 룩이 완성된다.

글래머러스한 이미지를 만드는 **버건디**

Burgundy

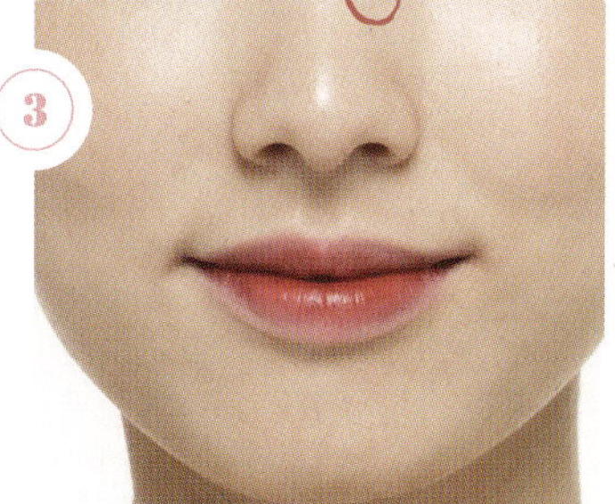

강렬한 느낌의 버건디 립을 제대로 살리기 위해서는 창백하면서도 약간 매트한 베이스 메이크업이 좋다. 피부 톤보다 한 톤 밝은 파운데이션을 사용해 결점 없는 깨끗한 피부를 표현하고 약간의 파우더로 매트하게 마무리한다.

립 컬러가 강렬할 때, 아이 컬러는 과하지 않게 표현하는 것이 정석이다. 아이라인은 최대한 얇게 그리고 눈꼬리만 살짝 빼주어 시원한 눈매를 만들면 된다.

입술 주변을 깨끗이 정돈한 후, 버건디 컬러의 립 라이너를 이용해 립 라인을 깔끔하게 잡아준다. 이때 글래머러스한 느낌을 더하기 위해 1mm 정도만 입술 외곽으로 라인을 그려준다. 입술이 너무 건조해 보이지 않도록 입술 안쪽에 립밤을 소량 바른다. 그려놓은 라인 안쪽으로 버건디 컬러를 균일하게 바르면 강렬하고 글래머러스한 느낌의 룩이 완성된다.

피부 톤에 맞는 최적의 립 컬러

❶ 창백한 피부

혈색 있는 붉은 빛의 립 컬러를 선택하는 것이 좋다. 따뜻한 느낌의 레드 브라운이나 버건디 컬러가 창백한 피부를 생기 있게 보정해준다.

❷ 까만 피부

자칫 칙칙해 보일 수 있는 피부를 보완해 줄 수 있는 레드 컬러를 사용하는 것이 좋다. 너무 어두운 톤이나 밝은 톤의 레드 컬러보다 중간 톤의 컬러를 선택하면 건강하고 섹시한 느낌을 줄 수 있다.

❸ 노란 피부

노란기 도는 피부는 어두운 컬러를 사용하면 피부가 칙칙해 보일 수 있다. 되도록 톤이 다운된 컬러는 피하는 것이 좋다. 경쾌한 느낌을 줄 수 있는 오렌지 레드 컬러를 사용하면 피부에 화사함을 더할 수 있다.

❹ 홍조 있는 피부

울긋불긋 홍조 띤 피부에 붉은 계열의 립 컬러를 바르면 홍조가 더욱 부각될 수 있다. 붉은 피부를 보완할 수 있는 누드 톤의 립 컬러를 선택하는 것이 좋다.

톰포드 | 립스틱 '체리 러쉬'

핑크가 감도는 밝은 레드 컬러 립스틱. 밀착력이 뛰어나 입술을 매끈하게 표현하는 동시에 촉촉함을 자랑한다.

조르지오 아르마니 | 립 마에스트로 '300'

매트 립스틱보다 선명한 발색력을 지닌 코랄빛 립락커. 벨벳같이 부드럽고 끈적임 없는 느낌을 선사한다.

맥 | 프로 롱웨어 립크림 '틸 투모로우'

회색빛이 도는 자줏빛 브라운 컬러의 립스틱. 그윽하고 지적인 이미지 연출이 가능하다.

슈에무라 | 루즈언리미티드 'pk 345'

촉촉한 타입의 핑크 크리미 틴트 립스틱. 크리미한 질감에도 발색력이 좋고 밀착감 또한 뛰어나다.

맥 | 립스틱 '피치 스톡'

누드 톤에 미세한 골드펄이 가미된 립스틱. 경쾌한 컬러감이 생기를 부여한다. 스모키 메이크업에 연출해도 좋다.

샤넬 | 루즈 코코 21 리볼리

보습력이 뛰어나 촉촉함을 장시간 유지해주는 매력적인 버건디 컬러의 립스틱이다.

IT COSMETIC

두 가지 컬러가 만드는 믹스매치, **투 웨이 립 메이크업**

깨끗한 베이스 메이크업에 컬러감을 최대한 절제한 아이 메이크업은 청순하고 자연스러운 느낌을 주지만 자칫 밋밋하고 지루한 메이크업이 될 수도 있다. 이럴 땐 수정이 간편한 립 메이크업에 포인트를 준다면 다양한 이미지 변신이 가능하다. 동일 계열의 컬러가 아니더라도 두 가지 컬러를 적절히 매치시키면 전혀 다른 신비로움을 연출할 수 있다. 간단하게 지루함을 깨뜨릴 수 있는 포인트 메이크업 스킬에 주목하자.

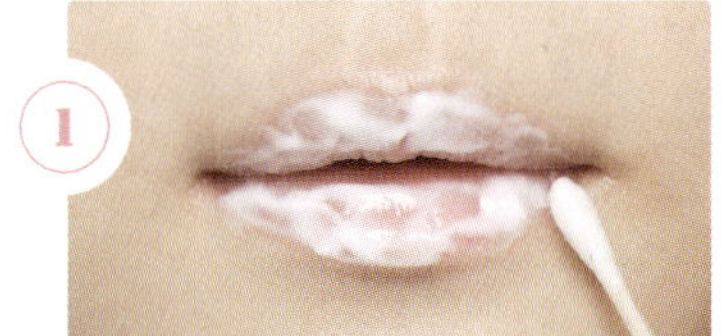

입술을 강조하는 메이크업을 할 때는 각질이 부각되지 않도록 말끔하게 정리하는 것이 필수. 각질 정리가 덜 되었다면 립밤을 메이크업 초기에 발라두었다가 립 메이크업 전에 면봉으로 슬슬 밀어내면 응급처치가 가능하다.

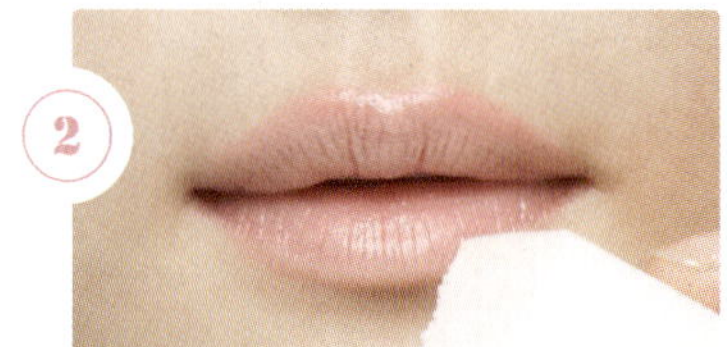

각질을 정리한 후 소량의 파운데이션을 라텍스에 묻혀 입술 톤을 고르게 정돈한다.

입술 라인 바깥쪽으로 립 컨실러를 발라 입술 라인을 깔끔하게 정돈한다.

페일 핑크 컬러 립스틱을 입술 전체에 고르게 발라 균일한 톤을 연출한다.

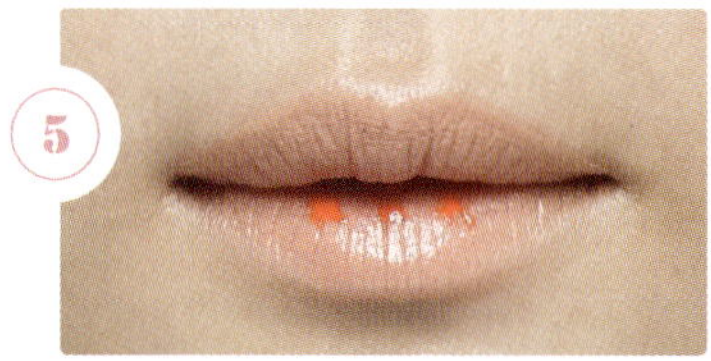

오렌지 컬러의 틴트를 아랫입술 중앙에만 2~3군데 점을 찍어 바른다.

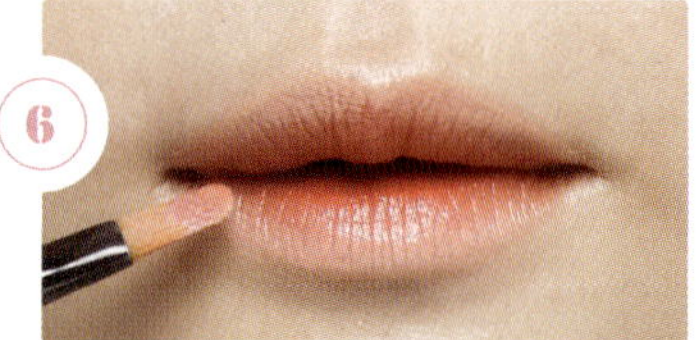

틴트가 입술을 물들이기 전에 립 브러시를 이용해 입술 중앙 위주로 고르게 펴 바른다.

BEAUTY ADVICE

투 웨이 립 메이크업 추천 컬러

❶ 페일 핑크 베이스+코랄 포인트
창백한 페일 핑크에 경쾌한 오렌지 컬러가 더해지면 차분하면서도 에너지 넘치는 룩이 완성된다.

❷ 핫 핑크 베이스+레드 포인트
여성스러우면서도 강렬하고 또렷한 립이 완성된다.

❸ 누드 베이지 베이스+브라운 포인트
차분하면서도 고혹적인 분위기 연출이 가능하다.

❹ 오렌지 베이스+핑크 포인트
발랄하고 생기 넘치는 사랑스러운 룩이 만들어진다.

❺ 누드 베이지 베이스+체리 포인트
차분하면서도 섹시한 느낌을 연출할 수 있다.

맥 | 플라밍고
밀착력과 발색력이 뛰어난 페일 핑크 립스틱. 창백하지만 따뜻한 느낌을 동시에 주는 사랑스러운 핑크 컬러를 연출할 수 있다.

베네피트 | 차차틴트
립과 치크 메이크업에 동시에 사용할 수 있는 틴트 제품. 오렌지 컬러의 느낌이 감도는 세련된 코랄 컬러가 동양인에게 잘 어울리며 건강하고 경쾌한 느낌을 준다.

틴트로 물들이는 두 뺨,
치크 메이크업

치크 메이크업은 반드시 인위적이지 않고 자연스러워야 전체 메이크업과 조화를 이룰 수 있다. 과한 블러셔 때문에 메이크업이 촌스러워지는 결과를 마주하게 될 수도 있고 때론 애써 한 메이크업을 전면 수정해야 하는 최악의 사태가 벌어지기도 한다. 블러셔 사용에 익숙하지 않다면 틴트를 사용해 베이스 메이크업 전에 치크 메이크업을 하는 것도 좋은 방법. 베이스 메이크업이 되어 있지 않은 상태에서 사용하기 때문에 수정이 쉽고 피부 속부터 은은하게 올라오는 자연스러운 혈색을 표현할 수 있다.

기초 제품을 꼼꼼히 바른 후, 메이크업 전에 다시 한 번 수분 에센스를 발라 촉촉한 피부를 만들어준다. 건조한 상태에서 틴트를 바르면 빠르게 흡수되어 얼룩이 생길 수 있다.

기초 제품이 충분히 흡수되면 미스트를 뿌려 이중으로 수분을 공급한다. 자외선 차단 기능의 미스트를 이용하면 자외선 차단제를 생략해도 된다.

블러셔를 바를 부위에 틴트를 펼쳐 바른다. 너무 많은 양의 틴트를 바르면 얼룩질 위험이 있으니 서너 군데만 톡톡 찍어 바른다.

틴트가 물들기 전에 재빠르게 손가락을 이용해 틴트를 퍼트린다. 얼굴형에 따라 블러셔의 위치를 고려해 얇고 균일하게 펴 바른다. 틴트가 너무 짙게 발리지 않도록 컬러를 조절하며 발라야 한다.

블러셔의 위치가 정리되면 라텍스로 경계를 최소화시키며 자연스럽게 그라데이션이 되도록 두드려 밀착시킨다.

틴트가 완전히 흡수되면 자신의 피부 톤에 맞는 컬러의 파운데이션을 얇고 균일하게 펴 바른다. 틴트를 바른 부위에 먼저 파운데이션을 발라 컬러감을 조절한다. 자연스럽게 치크 컬러가 올라올 수 있도록 부드럽게 펴 바른다.

⑦ 브러시에 틴트 컬러가 묻어 있는지 확인한 후 깨끗한 브러시를 이용해 볼, 이마, 턱 위주로 펴 바르고 브러시에 묻은 여분의 파운데이션으로 눈가, 코 주변, 입 주변을 정돈한다.

⑧ 파우더 브러시에 투명 파우더를 묻혀 손등에서 가볍게 털어낸다. 눈썹, 눈두덩, 콧방울, 얼굴 외곽에만 가볍게 터치해 얼굴 중앙 부위는 촉촉함을 유지하도록 한다.

FINISH

IT COSMETIC

베네피트 | 포지틴트
액상의 리퀴드 타입 틴트이며 치크로 사용 시 은은하게 물들어 나와 촉촉하면서도 본인의 혈색처럼 아주 자연스럽게 표현된다.

RMK | 젤 크리미 파운데이션
모든 피부 타입에 사용 가능하고 수분과 윤기를 부여해주며 강력한 밀착력과 커버력을 자랑하는 파운데이션이다.

메이크업 포에버 | HD 파우더
미세한 입자의 파우더로 투명하게 발색되며, 피부 결을 부드럽게 해주면서 유분을 컨트롤 해주어 피지를 완벽하게 잡아준다.

BEAUTY ADVICE

틴트 치크 메이크업 시 주의사항

❶ 빠르게 스며드는 특징 때문에 틴트를 얼굴에 올린 직후, 고르게 퍼트려야 한다. 자칫 틴트가 군데군데 물들어 얼룩지는 상황이 생길 수 있다. 얼룩졌다면 수분 에센스를 화장솜에 묻혀 깨끗이 닦아내고 다시 바른다.

❷ 소량을 여러 번에 걸쳐 바르는 것도 방법이다. 한 번에 컬러 조절이 힘들다면 2~3번에 걸쳐 컬러를 레이어드하는 것도 좋다. 파운데이션을 덧바른다고 해서 너무 짙은 컬러감을 낼 필요는 없다. 오히려 메이크업을 부자연스럽게 만들 수 있으니 연하게 표현하는 것이 좋다.

❸ 틴트를 바르기 전 피부에 충분히 수분을 공급해야 한다. 건조한 피부에 틴트를 바르면 더욱 빠르게 흡수되어 착색되기 때문에 촉촉한 피부 상태를 만드는 것이 좋다.

❹ 틴트는 반드시 베이스 메이크업 전에 활용해야 한다. 그래야 자신의 혈색처럼 자연스러운 컬러를 표현할 수 있다.

Celeb Makeup

PART 4
셀럽 메이크업

때로는 스타처럼 스타일리시하게!

길게는 15년, 대한민국 뷰티 아이콘으로 손꼽히는 여배우들과 함께한 시간이다. 매일 그녀들의 얼굴을 마주하며 새로운 변화를 시도했고, 궁극의 메이크업 룩을 완성하기도 했다. 마치 '마법의 방'과도 같은 메이크업 룸에서 펼쳐왔던 뷰티 시크릿들을 공개한다.

여배우라는 직업을 흔히 '이미지로 먹고 사는 직업'이라고 이야기한다. 여배우들은 자신의 이름만 들어도 떠오르는 긍정적인 이미지를 대중이 함께 공감하고 지지해주기를 바란다. 그 때문일까? 몇몇 여배우들은 과감한 변신에 다소 부담감을 느끼기도 한다. 하지만 어떤 이들은 메이크업에 있어서만큼은 도전을 두려워하지 않는다. 평소 고수하는 이미지는 부드럽고, 지적이고, 여성미 넘치고, 순수한 이미지일지라도 콘셉트가 확실한 화보 속에서는 전혀 다른 이미지를 능숙하게 표현해낸다. 때론 섹시한 여전사가 되기도 하고, 자극적인 팜프파탈의 모습을 보여주기도 하며, 남성성을 끌어내 거친 이미지에 도전하기도 한다.

여배우들이 과감한 이미지 변신에 성공하는 이유는 촬영에 앞서 끊임없이 의견을 나누고 조율하며 확실한 콘셉트를 잡기 때문. 섹시함을 어필하는 화보에서는 어떻게 하면 관능적인 매력을 끌어낼 수 있을지 컬러 하나하나를 고민한다. 한없이 청순한 이미지를 보여주는 메이크업에서는 소녀처럼 순수한 아름다움을 어떻게 보여줄지 라인 하나하나를 생각한다. 이렇게 이미지 변신 뒤에는 콘셉트, 즉 목적에 맞는 확실한 방향성이 존재한다.

보통 메이크업에 소질이 있는 여성들을 보면 자신에게 어울리는 컬러를 확실하게 알고 있고 즐겨 연출하는 메이크업이 정해져 있다. 이미 자신의 장단점을 파악했거나 때와 장소, 만나는 이들에 따라 달라져야 하는 메이크업의 기법들을 알고 있는 것. 그것은 이른바 '메이크업 공식'과는 다르다. 아직 자신에게 어울리는 메이크업이 무엇인지 모르겠고, 자리에 따라 변화를 주어야 하는 메이크업이 어렵게 느껴진다면 여배우들의 메이크업을 따라 하면서 신의 한 수를 배워보자.

생기 있게 물오른 피부 하지원의 **헬시 스킨 메이크업**

ⓒ 하이컷(photographer 김영준)

연이은 밤샘 촬영에 피곤할 법도 한데 늘 웃음을 잃지 않는 그녀. 그녀에게서는 '생기'라는 단어가 온몸으로 전해지는 듯하다. 최근 맡은 배역들이 대부분 에너지 넘치고 건강미를 강조하는 역할이라 메이크업 역시 생기와 에너지, 건강미를 강조하게 된다. 그녀의 메이크업 콘셉트는 '심플&내추럴'이라고 할 수 있다. 잡티를 커버하려 두껍게 베이스를 바르지도 않고 컬러감도 최대한 자제하는 편이다. 톤만 정돈하는 선에서 자연스럽게 커버하고 마스카라도 인위적이지 않게 투명한 제품을 사용한다. 하지만 그녀의 메이크업에 있어서 절대 포기할 수 없는 것은 바로 넘치는 수분감. 수분이 충분해야 건강하고 생기 넘치는 피부를 완성할 수 있다.

149

충분한 수분을 필요로 하기 때문에 메이크업 전 스킨으로 피부 결만 정돈한 후, 3분가량 마스크 팩을 붙여둔다.

기초 제품을 단계별로 촉촉하게 바른 다음 티슈로 유분을 제거한다.

미세한 펄이 있는 브라이트너를 T존, C존, 애플존, 인중, 턱 부위에 얇게 펴 발라 은은하게 하이라이트를 준다.

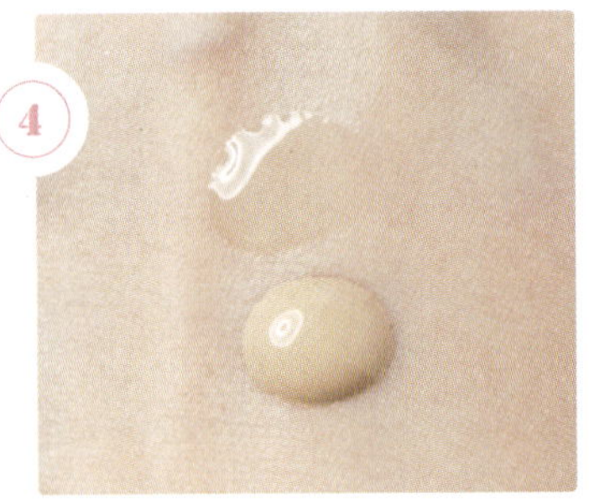

파운데이션에 페이스오일 1~2방울을 믹스해 얼굴 전체에 브러시로 가볍게 펴 바른다. 최대한 얇게 펴 바르고 라텍스로 두드려 피부에 밀착시킨다.

눈썹은 스크류 브러시를 이용해 단정하게 빗는다. 빈 곳을 아이브로우 펜슬로 자연스럽게 채운다.

옅은 베이지 컬러의 섀도를 눈두덩 전체에 얇게 펴 바른다.

카멜 브라운 컬러의 섀도를 이용해 컬러감보다는 음영만 살짝 살려준다. 쌍꺼풀 라인을 따라 자연스럽게 펴 바른다.

같은 컬러의 섀도를 이용해 눈 밑 언더라인에도 연결성 있게 펴 바른다.

블랙 젤 라이너를 이용해 속눈썹을 꼼꼼히 채워 또렷한 라인을 연출한다. 눈꼬리 부분은 자연스럽게 3~5mm만 빼서 살짝 올려 그린다.

뷰러를 이용해 속눈썹 뿌리부터 끝까지 3단
계에 걸쳐 집어주며 컬을 만든다.

투명 마스카라로 속눈썹 윗면을 한 번 쓸어
내리고 뿌리부터 지그재그로 발라 뭉치지
않게 정리한다. 두 번 정도 덧발라 또렷하면
서 내추럴한 눈매를 만든다.

크림 타입 살구 톤 블러셔를 애플존에 발라
생기 있는 볼을 연출한다. 한 번에 원하는 컬
러를 표현하면 얼룩질 위험이 있으니 연하
게 2회 정도 덧바르는 것이 좋다.

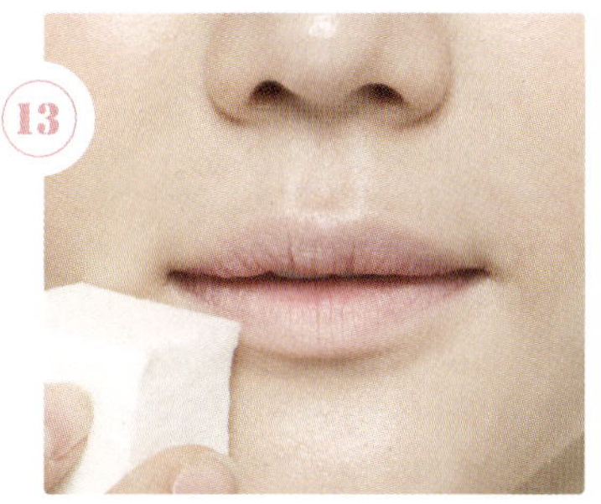

라텍스에 소량의 파운데이션을 묻혀 입술에
톡톡 두드린다. 균일하게 톤을 정돈해야 원
하는 립 컬러를 표현할 수 있다.

촉촉함을 주는 베이지 핑크 컬러 립스틱을
브러시에 묻힌다. 입술을 따라 깔끔하게 라
인을 그리고 입술 안쪽을 균일하게 채운다.

IT COSMETIC

로라메르시에 | 새틴 하이라이터
피부 속 사이사이 빛을 채워주며 고급스러운 펄감으로 미묘하고
자연스러운 빛을 선사해주는 하이라이터 제품. 좀 더 생기 있고
화사한 피부를 표현할 수 있다.

메이크업 포에버 | HD 하이데피니션 블러셔 '225호'
크림 타입의 블러셔로 건조하지 않고 피부에서 뿜어져 나오는 듯
한 자연스런 생기 연출이 가능하다.

디올 | 디올 어딕트 플루이드 스틱 '389호 키스미'
누디한 느낌의 핑크 컬러 립 제품. 글로스와 립스틱 중간 정도의
립라커라 할 수 있다. 지속력이 좋아 한 번 바르면 쉽게 지워지지
않는다.

어두운 피부에 생기를 불어넣는 핑크 립스틱

피부가 어두운 사람은 핑크 립스틱을 피하는 경향이 있
다. 하지만 자신의 피부에 잘 맞는 핑크 톤을 찾는다면 하
지원처럼 청순하고 생기 있는 핑크 립 연출이 가능하다.
까만 피부에는 화이트 펄이 섞인 밀키한 핑크보다 붉은
기가 감도는 코랄 핑크가 훨씬 더 잘 어울린다. 브라운 톤
이 살짝 감도는 핑크도 까만 피부에 생기를 불어넣어 조
화를 이룬다. 단, 핑크 립스틱을 바를 때는 파운데이션을
발라 입술 컬러를 균일하게 맞춘 후 바르는 것이 발색력
을 높이는 비결. 입술의 컬러가 균일하지 못하면 핑크 컬
러가 들떠 보이거나 자칫 촌스러워 보일 수 있으니 주의
해야 한다.

하지원의
차도녀 메이크업

중성적인 매력과 여성스러움을 동시에 가
진 배우 하지원은 어떠한 콘셉트의 화보
라도 어색하지 않게 소화해낸다. 그야말로
천의 얼굴을 가진 배우! 메이크업 룸에서
소녀같이 웃던 그녀는 막상 촬영에 들어가
면 언제 그랬냐는 듯, 웃음기를 쏙 빼고 차
가운 도시의 여자로 변신한다. 당당하고
지적인 이미지, 여성미와 강인함을 한 컷
에 모두 담아내고 있는 여배우 하지원의
메이크업 포인트는 자연스러운 피부 표현
과 깊고 그윽해 보이는 아이 메이크업에
있다. 당당하고 지적인 이미지를 위해 눈
썹은 약간 길고 힘 있게 표현했고, 눈매가
깊고 그윽해 보일 수 있도록 아이라인 포
인트와 언더라인을 그렸다.

피부 결을 따라 단계별로 꼼꼼히 기초 제품을 바른다.

페이스오일 대용으로 사용 가능한 멀티 밤을 T존과 U존에 톡톡 두드려 발라 충분히 수분을 준다.

피부 톤에 맞는 소량의 파운데이션을 브러시에 묻혀 아주 얇고 고르게 펴 바른다. 라텍스로 가볍게 두드려 자연스럽고 건강한 스킨 톤을 연출한다.

소량의 파우더를 퍼프에 묻혀 손등에서 고르게 양을 조절한 후 눈썹, 턱, 이마 라인만 가볍게 눌러준다. 피부 속부터 촉촉하게 빛나는 윤기를 완성하는 것이 포인트다.

헤어 컬러에 맞는 아이브로우 펜슬을 선택해 눈썹의 빈 곳만 자연스럽게 메우고 끝부분을 약간 길고 힘 있게 마무리해 당당한 여성미를 강조한다.

누드 브라운 컬러의 크림 섀도를 눈썹과 연결되는 느낌으로 눈두덩 전체에 넓게 펴 바른다.

카멜 브라운 컬러의 크림 섀도를 이용해 컬러감보다는 음영만 살짝 살려준다. 쌍꺼풀 라인을 따라 자연스럽게 펴 바른다.

누드 브라운 컬러의 프레스드 타입 섀도로 언더 부분도 자연스럽게 연결해 바른다.

블랙 젤 라이너를 이용해 점막 부분을 꼼꼼히 메워주고 눈꼬리 부분은 눈매를 따라 4~5mm 정도 시원하게 뺀다.

블랙 젤 라이너를 이용해 눈 앞머리에서 언더라인을 잇는 느낌으로 언더 점막을 얇게 전체적으로 메워준다. 이 때 눈꼬리 부분은 점막선을 따라가지 않고 일자 느낌으로 3mm 정도 길게 그려준다.

인위적인 느낌을 주지 않도록 카멜 브라운 컬러의 프레스드 타입 섀도로 언더라인 위를 쓸어주듯 그라데이션한다.

뷰러를 이용해 속눈썹 뿌리부터 끝까지 자연스러운 C컬을 만든 후 속눈썹 사이사이에 인조 속눈썹을 2mm 간격으로 가닥가닥 심어 또렷하고 깊은 눈매를 완성한다.

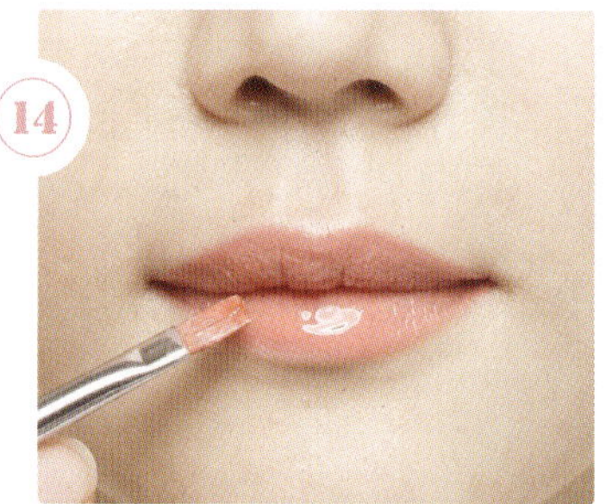

FINISH

피치 브라운 컬러의 크림 블러셔를 손가락에 소량만 묻혀 광대를 감싸듯이 발라 자연스럽게 윤곽을 표현한다. 크림 블러셔는 한 번에 많이 바르면 뭉칠 수 있으니 소량씩 여러 번 발라준다.

컨실러를 이용해 입술 톤을 다운시킨 뒤, 옅은 코랄 컬러의 립스틱을 입술 중앙 위주로 톡톡 두드려 바른다. 펄이 없는 립글로스를 덧발라 촉촉하게 마무리한다.

IT COSMETIC

쉬앤칙 | 퀸즈밤
천연 원료를 사용해 민감하고 예민한 피부에도 자극 없이 사용할 수 있는 힐링 아이템. 페이스오일 대용으로도 사용 가능하며 피부에 수분과 탄력을 유지시켜준다.

바비브라운 | 립스틱 '살몬'
옅은 코랄 컬러로 자연스러운 생기를 부여해준다. 너무 많은 양을 바르면 전체적인 메이크업 느낌이 올드해 보일 수 있으니 틴트를 바르듯 손가락으로 톡톡 두드려 발라준다.

디올 | 디올 어딕트 울트라 글로스 '452'
펄 없는 투명한 오렌지 코랄 컬러의 글로스. 짙은 컬러감보다는 입술 컬러에 맞게 자연스럽게 표현된다. 텍스처가 가벼워 투명 글로스 같은 느낌이다.

BEAUTY ADVICE

뭉침 없이,
더 촉촉하게!
멀티 밤 사용 노하우

❶ 멀티 밤은 베이스 메이크업 전에 바르는 것이 좋다. 크림 단계에서 부족했던 보습을 한 번 더 채워주어 피부 속까지 촉촉하게 만들어준다. 베이스 메이크업을 한 후에도 피부 자체에서 빛이 나는 것과 같은 윤광 효과를 준다.

❷ 멀티 밤을 바를 때는 손에 덜어 체온으로 충분히 녹인 후 바른다. 그래야 자연스럽게 스며들어 베이스 메이크업이 뭉치지 않는다.

❸ 얼굴 전체에 바르면 번들거리는 느낌이 너무 크기 때문에 T존과 U존 위주로만 바른다. T존에 멀티 밤을 바르면 윤광으로 인해 하이라이트 효과를 볼 수 있고 U존은 촉촉하게 광이 나면서 피부 결이 매끈하고 좋아 보인다.

시간과
타협하지 않는
절대 동안

강혜정의
동안 메이크업

늘 여배우들의 민낯을 마주하기 때문에 겉으로 드러나는 그녀들의 나이를 가장 먼저 체감하는 것이 메이크업 아티스트. 하지만 매일 민낯을 마주하는 그녀들 중에도 유독 시간이 거꾸로 흐르는 것 같은 이들이 있다. 특히 여배우 강혜정의 경우가 그러하다. 강혜정의 메이크업을 담당한 지 벌써 10년이 훌쩍 넘었지만 여전히 그녀는 시간과 타협하지 않고 '절대 동안'을 꾸준히 지키고 있다. 물론 타고난 동안이기도 하지만 그녀의 동안 비법에 메이크업의 힘도 어느 정도는 작용하고 있다고 믿고 싶다.

기초 제품을 단계별로 촉촉하게 발라준 다음 티슈로 유분을 제거한다. 건조함이 느껴지는 피부는 마지막 단계에 수분 에센스를 한 번 더 발라주면 좋다.

베이스 메이크업 시작 전 미스트를 뿌려 충분히 수분을 공급한다. 자외선 차단 기능 미스트를 이용하면 자외선 차단제를 생략해도 된다.

피부 톤에 맞는 컬러 베이스를 피부 결에 따라 얇고 균일하게 발라 톤을 보정한다.

피부 톤에 맞는 파운데이션을 브러시에 묻혀 볼, 이마, 턱에 얇고 균일하게 펴 바른다. 브러시에 남은 여분의 파운데이션으로 눈, 코, 입가까지 꼼꼼하게 터치한다.

브러시 결을 없애고 파운데이션을 밀착시키기 위해 라텍스로 가볍게 두드려준다.

강혜정의 동안 메이크업 포인트는 도톰한 눈썹. 하드한 제형의 아이브로우 펜슬을 이용해 눈썹의 빈 부분을 채워 자연스럽게 정돈한다. 아이브로우 마스카라를 이용해 눈썹의 볼륨과 결을 살리듯 가볍게 터치한다.

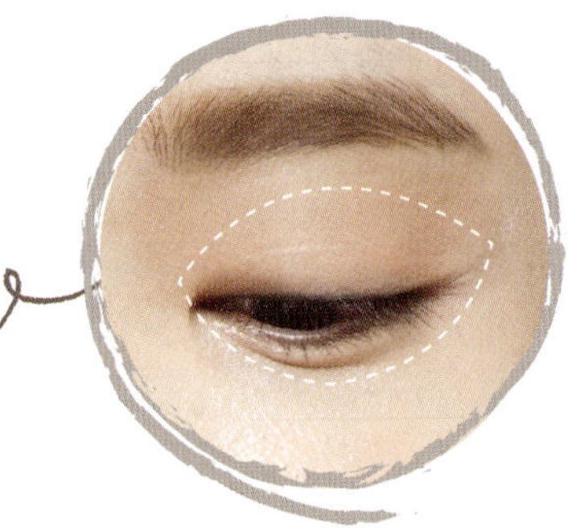

옅은 피치 컬러의 섀도를 눈두덩 전체에 얇게 펴 발라 음영감만 더한다. 눈 밑 언더라인에도 연결성 있게 펴 바른다.

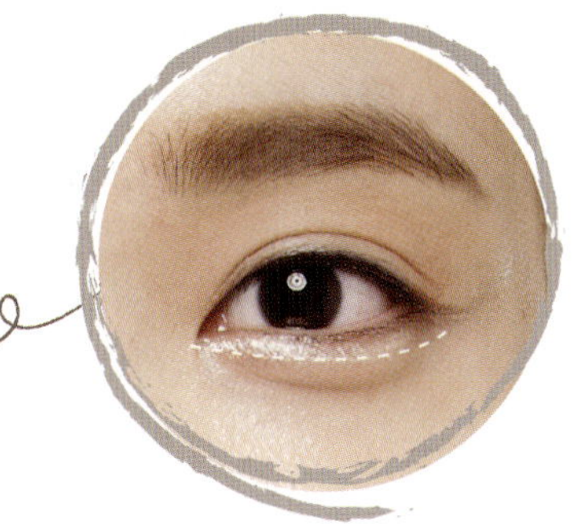

언더라인에 펄이 있는 화이트 골드 섀도를 발라 화사한 느낌의 애교살을 강조한다. 애교살이 도톰해 보여야 어려 보이는 인상을 준다.

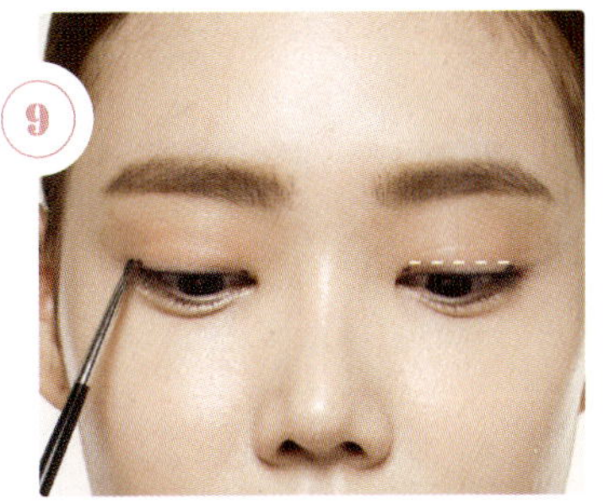

블랙 컬러의 젤 라이너를 사용해 반달 눈매를 완성하는 라인을 그린다. 먼저 눈 앞머리와 눈꼬리가 수평을 이룰 수 있도록 점을 찍어 가이드라인을 표시한다.

속눈썹 사이사이를 꼼꼼하게 채워 라인을 그린다. 눈꼬리 부분은 자연스럽게 2~3mm만 뺀다. 깔끔한 동안 메이크업이기 때문에 언더라인은 생략한다.

뷰러를 이용해 속눈썹 뿌리부터 끝까지 3단계에 걸쳐 집어주며 컬을 만든다.

마스카라로 속눈썹 윗면을 한 번 쓸어내리고 뿌리부터 지그재그로 발라 뭉치지 않게 정리한다. 동공 윗부분의 속눈썹을 강조해 동그랗고 또렷한 눈매를 연출한다.

애플존에 은은한 피치 핑크 컬러의 크림 블러셔를 발라 생기를 더한다. 브러시에 파우더 타입의 피치 핑크 블러셔를 묻혀 손등에서 양을 조절해 한 번 더 가볍게 터치한다. 블러셔가 자연스럽게 강조되면서 고정된다. T존과 U존에는 하이라이트 팩트를 브러시에 묻혀 가볍게 터치한다.

라텍스에 소량의 파운데이션을 묻혀 입술 전체 톤을 균일하게 정돈한다. 입술 안쪽에만 피치 핑크 톤의 틴트를 발라 입술 바깥쪽으로 그라데이션한다.

투명한 립글로스를 덧발라 입술에 생기를 준다.

FINISH

IT COSMETIC

시세이도 | 매스티지 아이브로우 펜슬 '다크 브라운'
약간 하드한 느낌의 펜슬로 진하게 그려지지 않고 자연스러운 눈썹 연출이 가능하다.

나스 | 아이페인트 '블랙 밸리'
부드러운 질감의 젤 타입 아이라이너. 속눈썹 사이사이를 부드럽게 채워 자연스럽고 또렷한 눈매를 연출한다.

입생로랑 | 틴트 '105호 코랄 홀드업'
처음엔 글로시한 느낌으로 부드럽게 발리지만 자연스럽게 물드는 틴트 타입이다.

BEAUTY ADVICE

동안 메이크업의 5가지 필수 조건

❶ 화사한 피부 톤
칙칙하지 않고, 너무 어둡지도 않은 화사한 피부 톤은 동안 메이크업의 필수 조건. 미세한 펄감이 느껴지는 하이라이터를 사용해 볼 부분의 애플존을 밝혀주면 화사한 피부를 연출할 수 있다.

❷ 반달 눈매
날카로운 눈매보다 반달 모양의 귀여운 눈매가 동안에 훨씬 더 가깝다는 사실을 부정하기는 힘들다. 아이라인의 시작과 끝의 높이를 같게 그리면 반달 모양 눈매가 완성된다.

❸ 애교살
애교살이 없다면 애교살 메이크업으로 한층 더 어려보이는 인상을 만들 수 있다. 애교살 메이크업은 48쪽을 참고할 것.

❹ 일자 모양의 도톰한 눈썹
강혜정의 경우도 도톰한 눈썹이 특징이다. 눈썹의 산이 너무 날카롭게 각이 져 있으면 훨씬 나이 들어 보인다. 일자에 가까운 모양으로 다듬어 눈썹의 결만 살리는 것이 좋다.

❺ 촉촉하게 반짝이는 입술
짙고 매트한 입술보다는 촉촉하게 반짝이면서 혈색이 자연스럽게 올라오는 입술이 훨씬 더 어려 보인다.

남심을 사로잡는
청순함

신세경의
퓨어 메이크업

깨끗한 피부 톤에 또렷한 눈망울, 복숭앗빛으로 물든 입술과 두 뺨! 교과서적인 청순 메이크업이다. 하지만 동서양을 막론하고 남자들의 마음을 살 수 있는 가장 안전하고 확실한 메이크업이라는 사실을 부정할 수 없다. 청순 메이크업 하면 가장 먼저 떠오르는 배우 중 한 명이 바로 신세경이다. 철저하게 민낯에 가까운 메이크업을 보여주는 신세경의 퓨어 메이크업은 한 듯 안 한 듯 청순미를 극대화시키는 것이 최대 포인트.

ⓒ 나일론(photographer 김태은)

기초 제품을 단계별로 촉촉하게 발라준 다음 티슈로 유분을 제거한다.

베이스 메이크업 시작 전에 미스트를 뿌려 충분히 수분을 공급한다. 자외선 차단 기능의 미스트를 이용하면 자외선 차단제를 생략해도 된다.

피부 톤에 맞는 컬러 베이스를 피부 결에 따라 얇고 균일하게 발라 톤을 보정한다.

부드럽고 자연스러운 피부를 만들기 위해 피부 톤에 맞는 실키한 리퀴드 타입의 파운데이션을 브러시에 묻혀 볼, 이마, 턱 위주로 얇고 균일하게 펴 바른다. 브러시에 남은 여분의 파운데이션으로 눈, 코, 입가까지 꼼꼼하게 터치한다.

브러시 결을 없애고 파운데이션을 밀착시키기 위해 라텍스로 가볍게 두드려준다.

누드 베이지 컬러의 섀도를 눈두덩에 얇게 펴 발라 자연스러운 음영만 준다. 언더라인에도 같은 컬러의 섀도를 이용해 연결성 있게 펴 바른다.

브라운 컬러의 펜슬 라이너를 이용해 속눈썹 사이사이를 꼼꼼하게 채워 라인을 그린다. 눈꼬리 부분은 자연스럽게 2~3mm만 뺀다.

면봉을 이용해 아이라인을 뭉개듯 가볍게 터치한다. 점막을 꼼꼼하게 채워 그린 아이라인이지만 자연스럽게 퍼트려 신비로운 느낌을 줘야 한다.

뷰러를 이용해 속눈썹 뿌리부터 끝까지 3단계에 걸쳐 집어주며 컬을 만든다.

워터프루프 타입의 블랙 마스카라로 속눈썹 윗면을 한 번 쓸어내리고 뿌리부터 지그재그로 속눈썹 한 올 한 올 감싸듯 뭉치지 않게 발라 속눈썹 결을 살린다.

살구 톤 블러셔를 브러시에 묻혀 손등이나 분첩에서 양을 조절한 후 광대뼈 부위에 가볍게 터치한다.

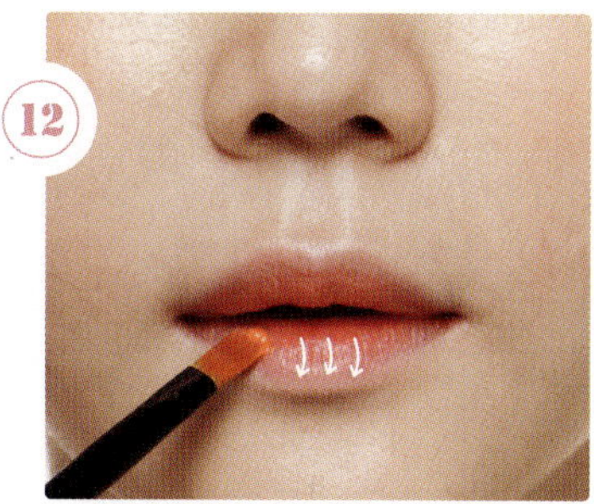

붉은 기가 도는 피치 틴트를 입술 안쪽에 바른 후 바깥쪽으로 얇게 그라데이션한다.

라텍스에 파운데이션을 소량 묻혀 틴트를 바른 입술을 다문 상태에서 가볍게 두드려 톤을 다운시킨다. 꽃잎을 머금은 듯 자연스럽게 올라오는 피치 컬러의 입술을 연출할 수 있다.

FINISH

IT COSMETIC

조르지오 아르마니 | 래스팅 실크 유브이 파운데이션
실크 같은 부드러운 텍스처와 뛰어난 밀착성으로 피부 표현이 보송보송하고 자연스럽다.

맥 | 아이콜 '테디'
약간의 펄감이 있는 브라운 컬러의 펜슬 타입 아이라이너. 소프트한 질감으로 라인을 그리기 쉽고 자연스러운 느낌을 표현할 수 있다.

랑콤 | 비르투오즈 디바인 라스팅 커브 앤 렝스 마스카라
마스카라 브러시가 커브형으로 되어 있어 골고루 잘 발리는 장점이 있다. 워터프루프 타입이라 쉽게 번지지 않아 깔끔하다.

BEAUTY ADVICE

청순한 눈매를 만드는 아이 메이크업 컬러

❶ 핑크 베이지 베이스+코랄 핑크 포인트
동양 여성에게 가장 잘 어울리는 청순 메이크업의 교과서적인 컬러 조합이다.

❷ 화이트 핑크 베이스+미세 펄 핑크 포인트
청순함 속에 은근히 묻어나는 섹시함을 표현할 수 있다.

❸ 화이트 피치 베이스+피치 포인트
베이비 페이스를 연출하면서 청순함까지 어필할 수 있는 여성스러운 컬러 조합이다.

❹ 옅은 브라운 베이스+화이트 핑크 포인트
차분하면서도 여성스러운 매력을 표현할 수 있다.

❺ 화이트 베이지 베이스+ 피치 오렌지 포인트
깔끔하고 청순하면서도 생기 넘치는 매력을 동시에 연출할 수 있다.

네이비 스모키의
치명적 매력

© 엘르(photographer 안주영)

신세경의
팜므파탈 메이크업

뽀얀 피부와 오뚝한 콧날, 베이비 페이스에 대비되는 글래머러스한 몸매. '청순 글래머'라는 말은 신세경에게 최초로 붙었던 수식어로 기억된다. 보호본능을 자극하는 청순을 잠시 내려놓고 여배우 신세경의 화려한 매력을 온전히 보여준 팜므파탈 메이크업. 그녀가 베이비 페이스를 벗고 치명적 매력을 어필했던 화보 속 메이크업은 짙은 네이비 스모키에 핫한 레드 컬러가 포인트다. '짙은 스모키와 붉은 립스틱이 너무 과하진 않을까'라는 걱정도 잠시. 신세경의 몽환적이면서도 강렬한 눈빛이 절묘한 조화를 이뤄 숨 막힐 듯 치명적인 매력으로 표현되었다.

기초 제품을 꼼꼼하게 발라 촉촉한 피부를 만들어준다.

파운데이션과 페이스오일을 2:1 비율로 섞어 브러시를 이용해 피부 결을 따라 얇게 펴 바른다.

브러시 결을 없애고 파운데이션을 밀착시키기 위해 라텍스로 가볍게 두드려준다. 이때 라텍스에 미스트를 뿌려 사용하면 파운데이션이 피부에 좀 더 확실하게 밀착된다.

펄이 없는 고운 입자의 투명 파우더를 브러시에 소량만 묻혀 얼굴 전체에 가볍게 터치한다.

눈썹은 헤어 컬러와 비슷한 브라운 컬러의 아이브로우 펜슬 또는 섀도를 이용해 형태와 결을 살려 그려준다. 눈썹 앞머리를 스크류 브러시로 잘 빗고 투명 마스카라로 결을 살리면 완성.

눈두덩 전체에 옅은 브라운 컬러의 크림 섀도를 얇게 발라 음영을 준다.

네이비 컬러의 펜슬 타입 아이라이너를 사용해 눈을 떴을 때 눈꼬리가 올라가도록 아이라인 모양을 미리 잡아준다. 눈을 뜬 상태에서 라인이 보이도록 3~4개의 점을 찍어두면 된다.

미리 표시해둔 점을 연결해 깔끔하게 라인을 그리고 라인 안쪽까지 꼼꼼하게 채운다.

짙은 네이비 컬러의 섀도를 팁 브러시에 묻혀 라인 안쪽을 꼼꼼하게 채운다. 섀도 가루가 눈 밑에 떨어지는 것을 방지하기 위해 미세한 입자의 투명 파우더를 눈 밑에 미리 발라두고 섀도를 바르고 난 후 가볍게 털어낸다.

블랙 젤 아이라이너를 사용해 점막을 꼼꼼하게 채워 또렷한 눈매를 연출한다.

네이비 컬러의 펜슬 타입 라이너를 이용해 언더라인 점막을 꼼꼼히 채워준다. 포인트 섀도를 납작한 브러시에 묻혀 손등에서 양을 조절한 후 라이너와 그라데이션시키며 눈꼬리까지 자연스럽게 연결한다.

뷰러로 속눈썹을 집은 뒤, 길고 풍성한 인조 속눈썹을 자신의 속눈썹에 최대한 가까이 붙여 자연스럽게 연출한다. 눈 앞머리는 2~3mm 띄어서 붙이고 눈꼬리 쪽은 속눈썹에 가까이 붙이지 말고 라인의 중앙에 오도록 붙여야 눈이 처져 보이지 않는다.

컨실러로 립 컬러를 깔끔하게 정돈한다. 레드 컬러의 립 라이너로 입술 선을 또렷하게 그린다. 크리미한 질감의 선명한 레드 컬러 립스틱을 경계가 생기지 않도록 브러시로 꼼꼼하게 펴 바른다.

티슈로 가볍게 누른 뒤, 파우더로 한 번 더 눌러 밀착시킨 후 립스틱을 덧발라 지속력을 높인다.

아이, 립 메이크업이 포인트가 되는
팜므파탈 메이크업 완성!

팜므파탈
아이 메이크업 팁

❶ 짙은 컬러의 섀도를 깔끔하게 바르는 방법

짙은 컬러의 섀도를 바를 때 눈 밑에 가루가 떨어지
거나 시간이 지나면서 쌍꺼풀 라인이 지워져 지저분
해질 때가 있다. 짙은 컬러의 섀도를 바를 때는 눈두
덩의 유분을 완전히 제거하는 것이 중요한데 파우더
를 퍼프에 묻혀 꼭꼭 누르면 제거할 수 있다. 그리고
눈 밑에 입자가 미세한 투명 파우더를 발라뒀다가
섀도 후 털어내면 눈 밑에 가루가 떨어지는 것을 방
지할 수 있다. 섀도 브러시보다는 팁 브러시를 이용
해 손등에서 한 번 양을 조절하고 톡톡 두드려 바르
면 발색력도 높고 깔끔하게 바를 수 있다.

❷ 자연스럽게 인조 속눈썹 붙이는 방법

최대한 자신의 속눈썹에 가까이 붙여야 자연스럽
고 풍성한 속눈썹을 연출할 수 있다. 눈 앞머리에서
2~3mm 지난 지점에서 시작해 아이라인이 끝나기
3~5mm 지점 전까지 붙이는 것이 인위적이지 않고
자연스럽다. 눈꼬리 부분은 속눈썹에 가까이 붙이지
말고 라인의 중앙쯤 높이에 붙여야 눈이 처져 보이
지 않는다.

빌리프 | 더 트루 페이셜 오일
가볍고 빠르게 흡수되며 피부에 영양을 공급하는 초보습 페이스오
일. 발림과 흡수성이 높아 파운데이션 전후 모두 사용 가능하다.

맥 | 파워 포인트 아이펜슬 '네이비'
펜슬 타입으로 자연스러운 아이라인 연출. 부드럽고 크리미한 질
감으로 사용이 편리하며 쉽게 번지지 않는 워터프루프 타입이다.

나스 | 섀도 '만츄리'
지속력을 높이고 깊이감 있는 눈매 연출이 가능하다.

슈에무라 | 루즈언리미티드 크리미 틴트 립스틱 'MRD 165'
크리미한 틴트 타입의 립스틱 제품. 선명한 발색과 가벼운 텍스처
로 지속력 높은 제품.

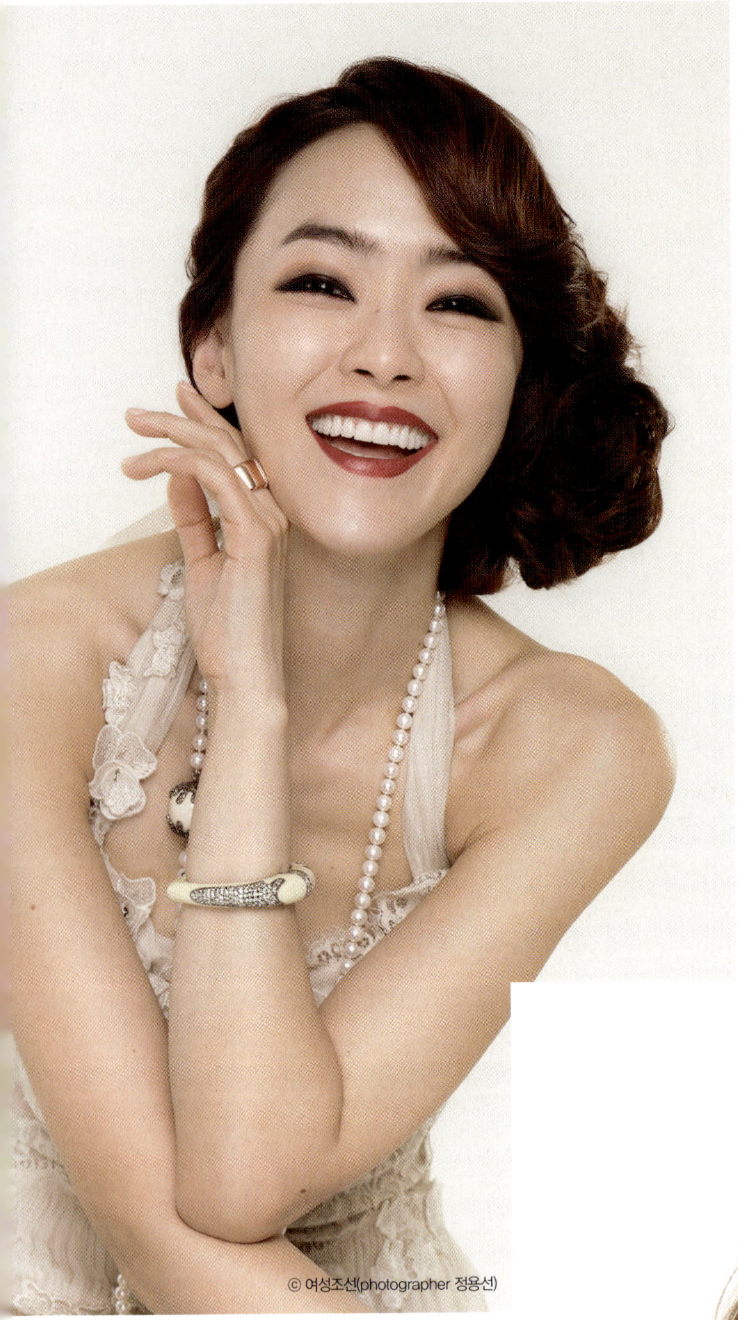
ⓒ 여성조선(photographer 정용선)

여성스럽고 섹시한 룩

김윤아의 **브라운 스모키 메이크업**

뮤지션 김윤아! 무대에서 노래 한 곡을 부를 때도 온몸에 퍼진 감정을 끌어모아 열창하는 그녀다. 그런 그녀를 볼 때마다 어쩌면 여배우들의 감수성을 뛰어넘는 아티스트일지도 모른다는 생각이 든다. 김윤아는 그만큼 메이크업에 대한 소화력도 뛰어나다. 브라운 스모키 메이크업으로 그윽함을 표현하고 채도가 높고 강렬한 레드 컬러로 섹시함을 어필한 이번 메이크업 역시 고혹적인 매력의 정점을 찍으며 한층 더 세련된 룩으로 표현했다. 자칫 강하고 무거워 보일 수 있는 스모키 메이크업을 생기 있고 여성스럽게 표현할 수 있는 방법을 알아보자.

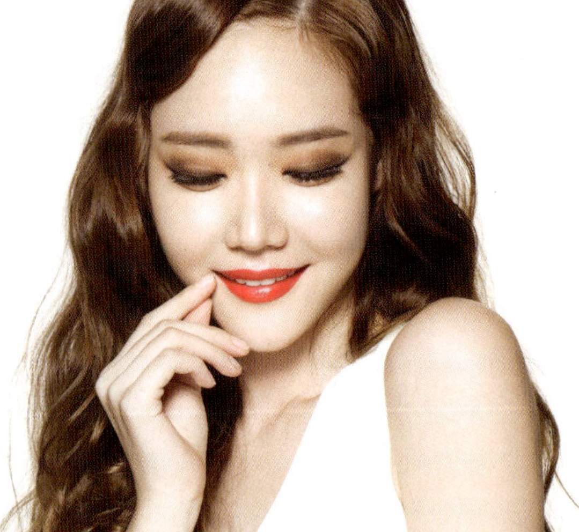

기초 제품을 단계별로 촉촉하게 발라준 다음 티슈로 유분을 제거한다.

베이스 메이크업 시작 전에 미스트를 뿌려 충분히 수분을 공급한다. 자외선 차단 기능의 미스트를 이용하면 자외선 차단제를 생략해도 된다.

피부 톤에 맞는 컬러 베이스를 피부 결에 따라 얇고 균일하게 발라 톤을 보정한다.

본인의 피부 톤에 맞는 파운데이션을 브러시에 묻혀 볼, 이마, 턱에 얇고 균일하게 펴 바른다. 브러시에 남은 여분의 파운데이션으로 눈, 코, 입가까지 꼼꼼하게 터치한다.

브러시 결을 없애고 파운데이션을 밀착시키기 위해 라텍스로 가볍게 두드려준다.

파우더 브러시에 고운 입자의 HD 파우더를 묻혀 손등이나 분첩에서 가볍게 털어 양을 조절한다. 페이스라인, C존 위주로 얇게 펴 바른다.

아이브로우 마스카라를 이용해 눈썹 결과 컬러를 정돈한다.

누드 베이지 컬러의 섀도를 눈두덩 전체에 얇게 펴 발라 균일한 톤을 연출한다. 언더라인에도 같은 컬러의 섀도를 이용해 연결성 있게 펴 바른다.

카푸치노 브라운 컬러의 섀도를 아이홀 중심으로 눈두덩 전체에 얇게 펴 바른다. 아이홀은 눈두덩의 움푹 팬 부위를 말하는데, 눈썹 뼈가 끝나고 안구가 느껴지는 지점이다.

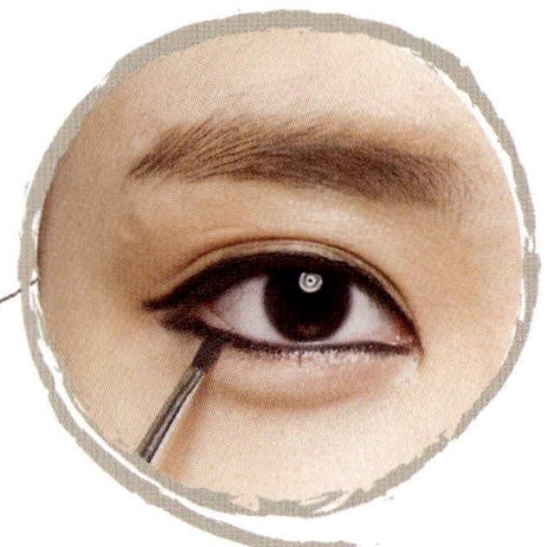

블랙, 브라운 젤 라이너를 믹스해 눈을 떴을 때 또렷하게 보일 정도로 조금 두껍게 아이라인을 그린다. 눈꼬리는 얇게 3~5mm 정도만 빼준다.

언더라인 앞쪽에서 눈꼬리 방향으로 일직선이 되도록 또렷하게 라인을 그린다. 아이라인과 언더라인의 눈꼬리가 만나지 않게 그려야 눈매가 더 시원해 보인다.

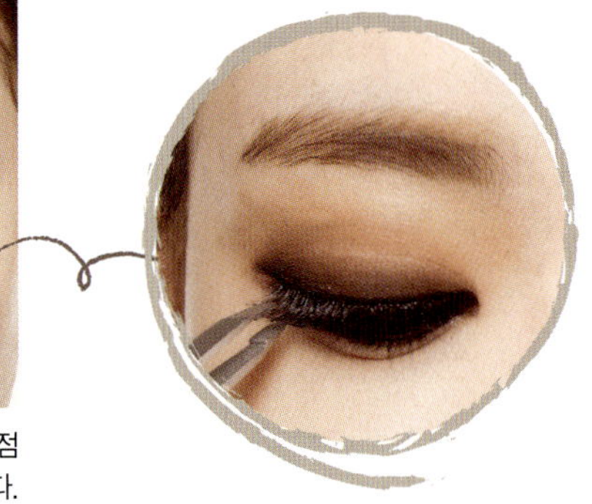

딥 브라운 섀도로 아이라인 위쪽에 그라데이션하여 포인트를 준다. 속눈썹에 가까워질수록 짙은 컬러감이 연출되게 바른다. 언더라인도 자연스럽게 그라데이션한다.

풍성한 인조 속눈썹을 눈 앞머리 2mm 지점을 시작으로 점막에 최대한 가까이 붙인다. 마스카라로 속눈썹과 인조 속눈썹이 자연스럽게 연결되도록 쓸어준다.

라텍스에 파운데이션을 소량 묻혀 입술 톤을 균일하게 정돈한다. 레드 립 라이너로 입술 라인을 또렷하게 그린다. 한 번에 진하게 그리려고 손에 힘이 잔뜩 들어가면 오히려 실수할 수 있으므로 힘을 빼고 가볍게 터치한다.

채도가 높고 강렬한 레드 립스틱을 브러시에 묻혀 섬세하게 발라준다. 티슈로 가볍게 누르고 파우더로 한 번 더 눌러 밀착시킨 후 립스틱을 덧바르면 지속력을 높일 수 있다.

메이크업 포에버 | HD 파우더
미세한 입자의 파우더로 유분도 잘 잡아주고 파우더를 거의
하지 않은 듯, 가벼운 피부 연출이 가능한 제품이다.

맥 | 싱글 아이섀도 '소바'
음영 섀도의 레전드로 미세한 펄이 들어 있어 그윽한 느낌의
음영 섀도로 사용하기 좋고 딥 포인트 컬러와 그라데이션했
을 때 고급스럽다.

나스 | 아이섀도 '갈라파고스'
은은한 펄이 가미된 딥 브라운 섀도. 포인트 섀도로 단독 사
용이 가능하고 아이홀 전체에 메인 섀도로도 활용할 수 있다.

나스 | 벨벳 매트 립 펜슬 '드래곤 걸'
크레용 모양의 펜슬 타입 립 제품. 선명한 사이렌 레드 컬러
로 한 번만 발라도 컬러감이 뛰어나고 매트하게 마무리된다.
발림성이 부드러워 사용이 간편한 장점도 있다.

그윽한 눈매를 만드는
완벽한 컬러 조합

❶ 그레이 베이스+블랙 포인트 
스모키 메이크업의 기본적인 컬러 조합.
가장 모던하고 심플하면서도 깊은 눈매를
연출할 수 있다.

❷ 피치 브라운 베이스+브론즈 포인트 
부드러우면서도 여성스러운 컬러 조합. 브
론즈 포인트가 고급스러움을 더해준다.

❸ 골드 베이스+딥 브라운 포인트 
고급스러우면서 깊은 눈매를 연출할 수
있다.

❹ 브라운 베이스+네이비 포인트 
음영 컬러의 브라운 베이스와 딥 네이비가
어우러져 시크하면서도 모던한 느낌을 더
해준다.

❺ 베이지 베이스+카키 포인트 
부드럽고 그윽한 눈매를 연출할 수 있다.

카리스마와 세련미를 한 번에

김효진의
시크 메이크업

배우 김효진 얼굴의 가장 큰 장점은 길고 시원스런 눈매를 가지고 있다는 것. 동양적인 단아함과 서구적인 세련됨이 공존하는 얼굴이라고도 표현할 수 있다. 여러 가지 이미지를 자연스럽게 소화해내는 그녀지만 가장 그녀다운 메이크업은 뭐니뭐니해도 카리스마와 세련미를 동시에 주는 시크 메이크업일 것이다. 전반적인 메이크업을 과감하게 하되 적절하게 절제하는 것도 시크 메이크업의 중요한 포인트. 과감한 아이라인을 표현하는 대신 컬러감은 최대한 자제해 길고 큰 눈을 과장되지 않게 표현하는 것이 중요하다.

© 코스모폴리탄(photographer 김재원)

기초 제품을 단계별로 촉촉하게 바른 후 미스트를 뿌려 충분히 수분을 공급한다. 자외선 차단 기능의 미스트를 이용하면 자외선 차단제를 생략해도 된다.

피부 톤에 맞는 컬러 베이스를 피부 결에 따라 얇고 균일하게 발라 톤을 보정한다.

본인 피부 톤에 맞는 리퀴드 파운데이션을 브러시에 묻혀 볼, 이마, 턱에 얇고 균일하게 펴 발라 자연스럽고 깨끗한 느낌의 피부를 연출한다. 브러시에 남은 여분의 파운데이션으로 눈, 코, 입가까지 꼼꼼하게 터치하고 라텍스로 가볍게 두드려 밀착시킨다.

파우더 브러시에 투명 파우더를 묻혀 손등이나 분첩에서 가볍게 털어 양을 조절한다. 페이스라인, C존 위주로 얇게 터치한다.

아이브로우 마스카라를 이용해 눈썹 결과 컬러를 정돈한다.

누드 베이지 컬러의 섀도를 눈두덩 전체에 얇게 펴 발라 균일한 톤을 연출한다. 언더라인에도 같은 컬러의 섀도를 이용해 연결성 있게 펴 바른다.

펄 없는 매트한 질감의 코랄 컬러 섀도를 눈두덩 전체에 소량씩 여러 번 얇게 펴 바른다.

펄이 없는 딥 브라운 컬러 섀도를 쌍꺼풀 라인과 언더라인 부분에 연결성 있게 바른다.

워터프루프 기능의 브라운 펜슬 라이너를 이용해 눈을 떴을 때 보일 정도로 라인을 그린다. 눈을 뜬 상태에서 3~4개의 점을 찍어 미리 가이드라인을 표시해두고 빈 부분을 채우면 정확하고 쉽게 라인을 그릴 수 있다.

브라운 펜슬로 그린 아이라인 위에 블랙 리퀴드 라이너를 이용해 선명한 라인을 한 번 더 그려준다. 점막을 꼼꼼하게 채워 얇지만 또렷한 라인을 만든다.

아이라인이 너무 도드라져 보이면 인위적인 느낌을 줄 수 있으므로 딥 브라운 섀도를 쌍꺼풀 라인에 발라 자연스럽게 그라데이션한다.

젤 타입의 블랙, 브라운 아이라이너를 믹스하여 언더 점막 부분을 꼼꼼히 채워준다. 딥 브라운 포인트 섀도로 그라데이션한다.

뷰러를 이용해 속눈썹 뿌리부터 끝까지 3단계에 걸쳐 집어주며 컬을 만든다. 마스카라로 속눈썹 윗면을 한 번 쓸어내리고 뿌리부터 지그재그로 발라 뭉치지 않게 정리해 또렷한 눈매를 만든다.

IT COSMETIC

슈에무라 | 딥씨워터 로즈마리
시원한 허브향이 나는 천연 미네랄 미스트. 피부 깊숙이 수분과 청량감을 동시에 전달해준다.

토니모리 | 딜라이트 모노섀도 '매트 11 빈티지 코랄'
매트한 질감에 비해 부드럽게 발리고 여러 번 덧발라도 탁한 느낌이 들지 않아 자연스럽게 음영을 주기에 적합하다.

바비브라운 | 아이섀도 '16 슬레이트'
회갈색에 가까운 딥 브라운 섀도로, 포인트 섀도로 사용 시 신비로운 느낌까지 줄 수 있다. 뭉치지 않아 메이크업 초보자들도 발색을 조절하기가 쉽다.

맥 | 립스틱 '드라마틱 인 카운터'+맥 | 립스틱 '러시안 레드'
촉촉하고 가벼운 텍스처에 발색력이 우수한 딥 퍼플 톤의 립스틱과 어느 피부 톤에나 어울리는 선명한 레드 립스틱을 믹스해 사용하면 분위기 있는 와인 톤의 버건디 립 컬러를 만들 수 있다.

(14) 광대뼈 안쪽으로 모가 부드러운 브러시에 피치 핑크 톤의 블러셔를 묻혀 가볍게 여러 번 쓸어줘 은은하게 혈색만 살린다.

(15) 라텍스에 파운데이션을 소량 묻혀 입술 톤을 고르게 정돈한다. 와인빛이 감도는 레드 립스틱을 입술 안쪽에서 바깥쪽으로 퍼져나가듯 그라데이션해 펴 바른다. 입을 다문 상태에서 투명 파우더로 한 번 눌러 매트하게 마무리한다.

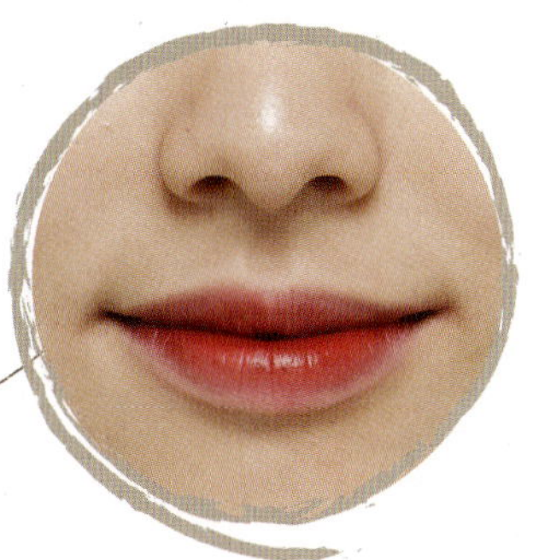

FINISH

매트한 섀도로 그라데이션하는 방법

매트한 섀도를 그라데이션하는 것은 크림 타입의 섀도나 펄이 있는 섀도보다 어렵다. 자칫 진한 컬러감으로 메이크업이 얼룩지거나 톤 조절에 실패하는 경우도 생긴다. 매트하고 진한 컬러의 섀도를 효과적으로 그라데이션하려면 브러시에 소량의 섀도만 묻혀 여러 번에 걸쳐 컬러를 쌓아가는 것이 효과적이다. 컬러를 쌓은 후 아무것도 묻어 있지 않은 깨끗한 브러시로 가장 연하게 표현돼야 하는 부분을 터치하면 된다. 또 다른 방법으로는 짙은 컬러의 펜슬 라이너로 아이라인을 그린 후 섀도 컬러를 소량 묻혀 라인을 뭉갠다는 느낌으로 덧바르면 속눈썹 윗부분이 자연스럽게 짙은 컬러로 표현된다.

신비롭고
몽환적인 연출

김효진의
글로시 메이크업

단 한 번도 메이크업의 콘셉트를 두려워하거나 망설이지 않았던 그녀. 때론 강렬하고 과감하고 도도하게, 때론 관능적이고 부드럽고 여성스럽게 자신의 매력을 끊임없이 발산한다. 그야말로 '메이크업할 맛 나게' 만드는 여배우다. 두 눈에 글로시한 느낌을 표현한 다소 실험적인 메이크업도 그녀에게는 늘 해왔던 데일리 메이크업처럼 어색하지 않다. 눈두덩에 투명 글로스를 덧발라 촉촉함을 부여하고 립글로스에 펄을 더해 보석보다 반짝이는 메이크업을 완성했다. 촉촉함과 반짝임을 더할수록 신비로움도 커지는 몽환적인 글로시 룩을 공개한다.

기초 제품을 단계별로 촉촉하게 발라준 다음 티슈로 유분을 제거한다.

페이스오일을 손바닥에 덜어 체온으로 따뜻하게 만든 후, 얼굴 전체를 손으로 감싸듯 지그시 눌러 피부 속까지 수분을 공급한다.

피부 톤에 맞는 화이트 베이지 계열의 크림 파운데이션을 브러시에 묻혀 볼, 이마, 턱 위주로 얇고 균일하게 펴 발라 밝고 촉촉한 피부를 연출한다. 브러시에 남은 여분의 파운데이션으로 눈, 코, 입가까지 꼼꼼하게 터치한다.

브러시 결을 없애고 파운데이션을 밀착시키기 위해 라텍스로 가볍게 두드린다.

소량의 투명 파우더를 브러시에 묻혀 손등에서 가볍게 털어낸다. 눈썹, 얼굴 외곽, 콧방울 위주로 가볍게 쓸어 자연스럽게 윤기가 감도는 스킨 톤을 완성한다.

아이브로우 마스카라를 이용해 눈썹 결과 컬러를 정돈한다. 눈썹 반대 방향으로 한 번, 눈썹 결대로 한 번 가볍게 쓸어준다.

골드 베이지 컬러의 섀도를 눈두덩 전체에 얇게 펴 발라 균일한 톤을 연출한다.

깨끗하고 또렷한 눈매 연출을 위해 워터프루프 기능의 블랙 아이라이너로 점막 사이사이를 꼼꼼히 채운다. 눈꼬리는 살짝 올려 3~4mm 정도 빼서 그린다.

워터프루프 기능의 브라운 펜슬 라이너를 이용해 그려 놓은 아이라인 위에 한 번 더 덧그린다. 눈을 떴을 때 라인이 보일 정도로 그리는데, 눈을 뜬 상태에서 3~4개의 점을 찍어 미리 가이드라인을 잡아두면 정확하고 쉽게 그릴 수 있다.

브라운 펜슬 라이너로 그린 아이라인을 팁 브러시를 이용해 부드럽게 뭉개듯 그라데이션한다. 속눈썹에 가까운 부분이 짙어지도록 자연스럽게 조절한다.

눈꼬리 쪽이 긴 인조 속눈썹을 6~7등분으로 잘게 자른다. 눈 앞머리에서 2~3mm 지난 지점부터 시작해 아이라인이 끝나기 5mm 지점 전까지 붙이는 것이 자연스럽다.

뷰러를 이용해 본인 속눈썹과 인조 속눈썹을 함께 컬링하여 고르게 만든 뒤, 블랙 워터프루프 마스카라를 이용해 밀착시킨다. 언더 속눈썹에도 마스카라를 꼼꼼하게 바른다.

글로시한 눈매를 연출하기 위해 펄이나 색감이 전혀 없는 투명 글로스를 얇게 펴 바른다. 탄력이 좋은 섀도 브러시에 흘러내리지 않을 정도로 충분한 양의 글로스를 묻혀 한 번에 터치한다. 글로스를 매끄럽게 펴 바르는 것이 관건.

라텍스에 파운데이션을 소량 묻혀 입술 톤을 균일하게 정돈한다. 가볍게 두드려 펴 바르면 된다.

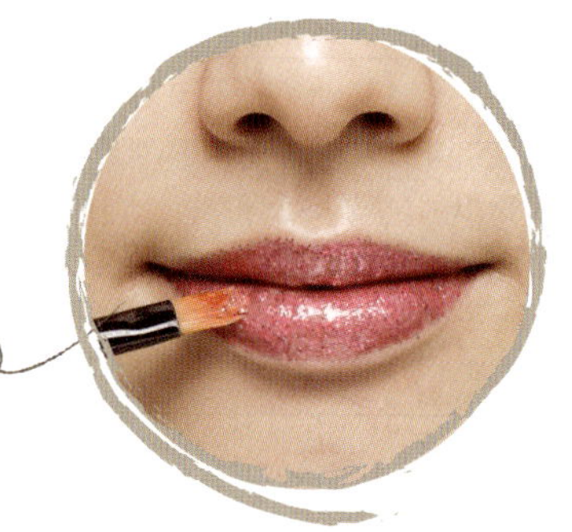

핑크 립글로스에 붉은 톤의 핑크 피그먼트(굵은 입자의 펄)를 믹스해 립 브러시로 고르게 펴 바른다.

촉촉한 아이 메이크업과
반짝임을 더한 립 메이크업으로
신비로운 글로시 룩 완성!

글로시 메이크업의
핵심은 눈과 입술

❶ 아이 메이크업

반짝이는 투명 글로스를 눈두덩 위에 얇게 펴 바르면 전체적으로 글래머러스한 룩이 완성된다. 이 때 글로스는 펄이 없는 투명 글로스를 선택하고 섀도는 글로스를 발랐을 때 뭉치지 않도록 얇게 한두 번 터치하는 정도로 발라주면 된다.

❷ 립 메이크업

미세하거나 펄이 아예 없는 립글로스에 원하는 컬러의 피그먼트를 믹스하면 신비로운 느낌의 립 메이크업을 완성할 수 있다. 너무 많은 양의 펄을 믹스하면 글로스가 뭉치거나 지저분한 느낌이 들 수 있으니 소량만 믹스하는 것이 좋다. 믹스한 글로스가 펄감이 부족하다면 일단 브러시에 피그먼트를 묻혀 손등에서 양을 조절한다. 입술 중앙에만 톡톡 찍어 바르면 자연스럽게 반짝임을 더할 수 있다.

IT COSMETIC

슈에무라 | 드로잉 펜슬 '브라운'
브라운 컬러의 워터프루프 펜슬 라이너. 사용이 간편하고 발림성이 좋아 쉽게 라인을 그릴 수 있고 그라데이션이 용이하다.

맥 | 클리어 립 글라스
입술을 유리알처럼 매끄럽고 윤기 있게 표현해주고 발림성이 좋아 글로시 아이템으로 적격인 투명 글로스 제품이다.

맥 | 사이즈 투 고 피그먼트 '로즈'
톤 다운된 장밋빛 피그먼트. 굵고 화려한 입자가 피부에 잘 밀착돼 섬세하면서도 포인트 있게 메이크업을 연출할 수 있다. 골드 펄이 함유되어 고급스럽고 오묘한 느낌이 더해진다.

핑크로 물들인 사랑스러움

윤소이의
러블리 메이크업

세월이 흘러도 여성을 가장 사랑스럽게 만드는 불변의 컬러는 여전히 핑크다. 윤소이의 여성스러움을 한층 더 업그레이드시킨 러블리 메이크업의 중심에 있는 컬러 역시 핑크. 살짝 올라간 눈매와 갸름한 페이스라인, 도톰한 입술이 충분히 사랑스럽지만 핑크로 물든 눈매와 입술, 두 뺨이 완벽한 러블리 룩을 보여준다. 단, 핑크 일색 메이크업은 자칫 촌스러운 느낌을 줄 수 있기 때문에 컬러 선택에 주의해야 한다. 전체적인 룩을 만드는 키 컬러는 핑크색이지만 톤을 달리해 지루하지 않은 느낌을 연출하는 게 좋다.

기초 제품을 단계별로 촉촉하게 발라준 다음 티슈로 유분을 제거한다.

베이스 메이크업 시작 전에 미스트를 뿌려 충분히 수분을 공급한다. 자외선 차단 기능의 미스트를 이용하면 자외선 차단제를 생략해도 된다.

수분 함유량이 많은 메이크업 베이스를 결에 따라 발라 피부 속까지 수분을 채워준다.

화사한 톤을 연출할 수 있는 파운데이션을 브러시에 묻혀 볼, 이마, 턱 위주로 얇고 균일하게 펴 바른다. 브러시에 남은 여분의 파운데이션으로 눈, 코, 입가까지 꼼꼼하게 터치한다.

브러시 결을 없애고 파운데이션을 밀착시키기 위해 라텍스로 가볍게 두드린다.

파우더 브러시에 모공 파우더를 묻혀 손등이나 분첩에서 가볍게 털어 양을 조절한다. 페이스라인, C존 위주로 얇게 펴 바른다.

아이브로우 마스카라를 이용해 눈썹 결과 컬러를 정돈한다. 눈썹이 너무 어두워지지 않도록 자신의 헤어 컬러보다 약간 밝게 연출한다.

핑크 컬러의 크림 섀도를 팁 브러시에 묻혀 눈두덩에 가볍게 펴 바른다.

같은 계열의 핑크 섀도를 속눈썹 라인 부분부터 위쪽으로 그라데이션시켜 바른 후 언더라인에도 연결성 있게 펴 바른다. 크림 섀도를 바른 위에 일반 섀도를 덧바르면 밀착력과 발색력을 높일 수 있다.

워터프루프 기능의 브라운 펜슬 라이너를 이용해 아이라인을 그린다. 눈을 떴을 때 라인이 살짝 보일 정도로 그리면 된다.

아이라인을 그린 위에 와인 컬러의 섀도를 덧바른다. 아이라인을 부드럽게 뭉개듯 그라데이션한다. 속눈썹에 가까운 부분이 가장 짙어지도록 자연스럽게 컬러감을 조절한다.

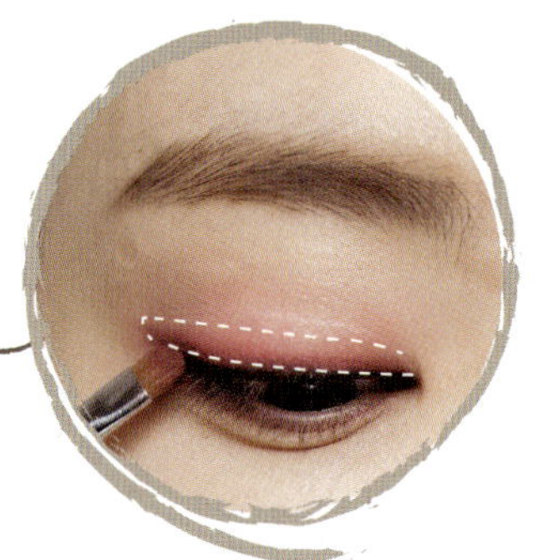

언더라인 전체에 화이트 펜슬로 라인을 그려준다. 점막을 꼼꼼히 채워 그려야 눈이 훨씬 맑아 보인다.

뷰러를 이용해 속눈썹 뿌리부터 끝까지 3단계에 걸쳐 집어주며 컬을 만든다. 마스카라로 속눈썹 윗면을 한 번 쓸어내리고 뿌리부터 지그재그로 발라 뭉치지 않게 정리해 또렷한 눈매를 만든다.

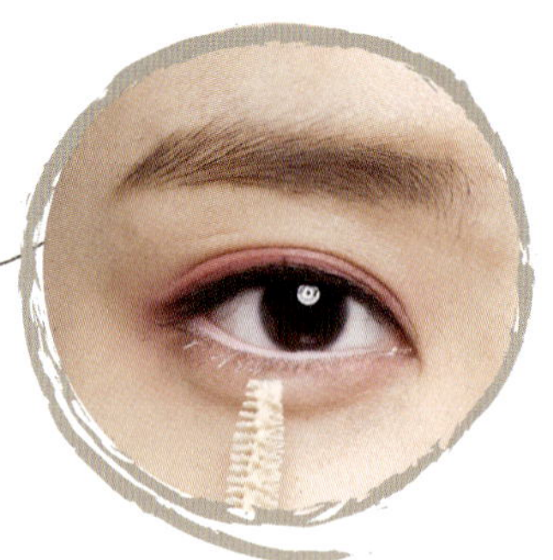

언더 속눈썹은 점막과 연결되도록 화이트 마스카라로 뿌리부터 꼼꼼히 발라준다. 화이트 마스카라가 없다면 투명 마스카라를 바른 후 마르기 전에 화이트 섀도를 가볍게 덧바른다.

로즈 핑크 톤의 크림 타입 블러셔로 광대를 감싸듯 바깥에서 안쪽으로 터치하여 그라데이션한다. 페이스라인 쪽을 더 짙게 표현하면 된다.

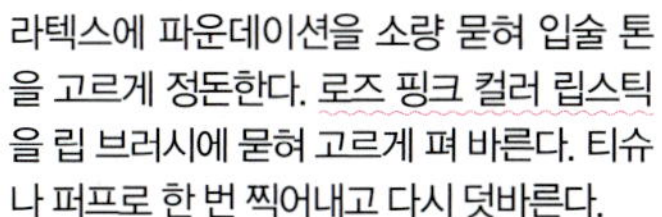

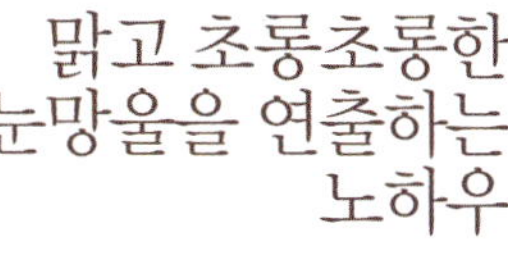

라텍스에 파운데이션을 소량 묻혀 입술 톤을 고르게 정돈한다. 로즈 핑크 컬러 립스틱을 립 브러시에 묻혀 고르게 펴 바른다. 티슈나 퍼프로 한 번 찍어내고 다시 덧바른다.

FINISH

맑고 초롱초롱한 눈망울을 연출하는 노하우

전체적으로 화사한 메이크업을 연출할 때 맑고 초롱초롱한 눈동자를 연출하는 것도 매우 중요하다. 눈이 자주 충혈되거나 피곤한 상태에서 붉은 기 감도는 아이 메이크업을 하면 눈이 탁해 보이고 피곤한 느낌이 더 도드라질 수 있다. 언더라인에 화이트 펜슬로 라인을 그리고 언더 마스카라를 화이트로 덧바르면 생기 있고 맑은 눈망울을 연출할 수 있다.

IT COSMETIC

라네즈 | 인텐스 크림 섀도 '쉬머 핑크'
은은한 핑크빛이 도는 크림 섀도로 발색이 잘 되어 데일리 제품으로 사용하기 좋고 다른 컬러를 덧발랐을 시 제품 고유의 선명한 발색을 도와준다.

루나솔 | 제미네이트 아이즈 '02 알렉산드라이트 AR'
레드 브라운 바탕색 위에 짙은 마젠타 핑크와 골드, 퍼플 컬러의 마이크로 글리터가 듬뿍 함유되어 있어 덧바를수록 눈매의 깊이를 더해주어 보석 같은 눈매를 표현해준다.

메이크업 포에버 | 블러시 크림 '210'
부드럽고 매끄럽게 발리고 생기를 부여해주는 로즈 핑크 톤의 크림 타입 블러셔이다.

맥 | 립스틱 '기디'
은은한 펄감이 있는 핑크 톤의 립스틱. 촉촉하게 잘 발리며 톤 다운된 차분한 핑크빛을 띠고 있어 데일리 립스틱으로 사용하기 좋다.

Men's Makeup & Hair

PART 5
맨즈 메이크업&헤어

내 남자를 TV 속 훈남으로!

스킨과 로션조차 구분하지 못했던 남자들이 이제 메이크업을 하고 고가의 아이 크림을 바르는 세상이다. 하지만 아직도 내 남자는 세안 후 스킨 한 방울 무심하게 바르는 것이 끝이라면 당신이 직접 메이크업 조언을 해보자.

화장한 남자를 보고 '웬일이니!'라며 수군거리던 시대는 지났다. 자외선 차단제는 기본, 비비 크림이나 씨씨 크림을 바르는 남자들도 늘었고, 남성 전용 팩트를 휴대하고 다니는 이들도 적지 않다. 20대 초반 남성들 중에는 아이라인이나 음영 섀도, 심지어 마스카라까지 사용하는 경우도 있다고 하니 내가 처음 메이크업 세계에 발을 들여놓았던 그때에 비해 많이 변한 것임에는 틀림없다.

여성들의 전유물로만 여겨졌던 '메이크업'이라는 단어는 이제 남성들도 '좀 가꿀 줄 아는 훈남'으로 만들어주고 있다. 남성 잡지의 한 섹션을 뷰티 칼럼이 차지하고 있을 정도로 메이크업 세계는 진보했다. 또 남성들은 각종 매체에서 뷰티 정보를 얻고 직접 백화점 매장에서 피부 타입을 상담 받아 고가의 에센스와 아이 크림을 구매한다. 그러나 이런 남성들이 여전히 자신과 거리감 느껴지는 남의 남자 이야기라면 어떨까?

남자친구와 같은 나이임에도 TV 속 훈남들은 참 어려 보일 뿐 아니라 탱글탱글한 피부는 반짝반짝 빛난다. 아저씨 같은 현실 속의 남자친구를 마주할 때면 '역시 연예인은 달라도 다르구나'라는 생각을 떨쳐버릴 수 없다. 하지만 남자친구가 그저 그런 아저씨가 된 데에는 당신에게도 절반의 책임이 있다는 사실.

그에게 자외선 차단제라도 안겨본 적이 있는지, 눈썹 모양에 대해 코멘트 해준 적이 있는지, 다시 한 번 되돌아보길 바란다. 지금이라도 늦지 않았다. 그에게 적극적으로 메이크업을 권해보라. TV속 훈남이 절대 부럽지 않을 만큼 달콤한 변화가 곧 시작될 테니.

각질과 트러블을 줄이는 **셰이빙 스킬**

셰이빙 폼을 턱선에 한가득 바르고 거울 앞에 선 탄탄한 근육질의 남자, 고개를 45도 각도로 틀어 세심하게 면도하는 그는 아쉽지만 이탈리아판 〈보그〉에나 등장할 법한 남자다. 현실 속의 남자들은 세숫비누를 대충 물에 적셔 슥슥 문지른 다음 피부가 벌게지도록 면도를 하는 경우가 대부분이다. 면도 후 특별한 애프터케어를 하는 것은 상상도 할 수 없는 일. 남자들의 이런 무책임한 행동으로 턱선은 점점 더 얼룩덜룩해지고 까칠해진다. 그러나 한 번만 알려주면 셰이빙 제품과 애프터케어라는 신세계에 알아서 빠져들게 될 것이다.

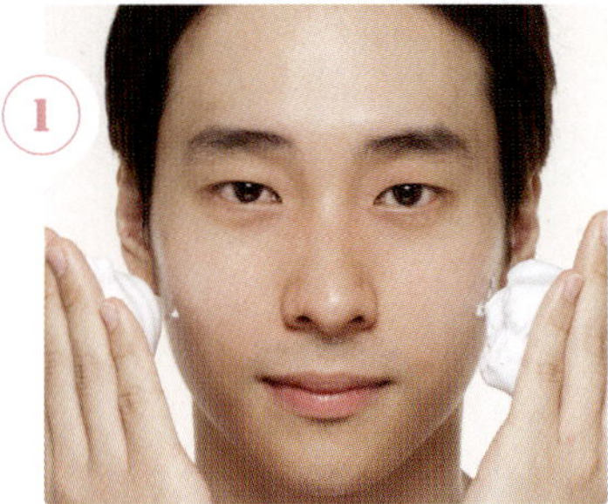

1 클렌징 폼을 손에 덜어 충분히 거품을 낸다. 미지근한 물로 여러 번에 걸쳐 먼지와 노폐물을 닦아낸다. 흔히 면도 후에 세안을 하는 경우가 많은데 면도 후에는 피부가 민감해지기 때문에 물로만 씻는 것이 좋다. 반드시 면도 전에 깨끗이 세안해야 한다.

2 세안 후 온수에 적신 뜨끈한 스팀타월로 턱 부분을 가볍게 닦아 낸다. 모공을 열어줘야 좀 더 깔끔하게 면도가 가능하다.

3 셰이빙 폼, 젤, 크림 등 원하는 텍스처의 제품을 면도해야 할 부위에 얇게 펴 바른다. 셰이빙 제품은 면도날과 피부의 마찰을 줄여줘 자극을 덜어줄 수 있다. 하지만 너무 많은 양의 제품을 바르면 면도날 사이에 제품이 껴서 피부에 자극을 줄 수 있으니 적당량만 바르는 것이 좋다.

4 셰이빙 제품을 바른 후 1~2분이 경과하면 각질이 유연해지면서 수염도 부드러워진다. 이때 면도를 시작한다. 볼을 시작으로 코 밑, 턱, 목 순서로 자극을 최대한 줄이면서 면도한다.

5 트러블 진정에 효과가 있는 녹차 물을 이용해 세안한다. 면도 직후에는 모공이 열려 있는 상태. 찬물 세안으로 열린 모공을 닫아줘야 피부 트러블을 예방할 수 있다.

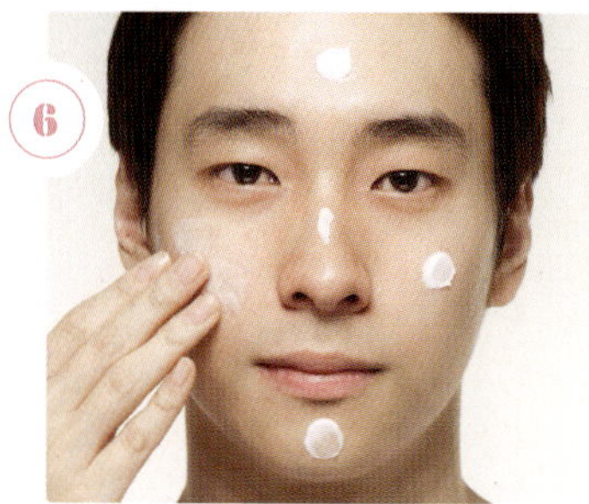

6 수분 에센스나 수분 크림을 발라 충분히 수분을 공급한다. 면도 후에는 각질이 일어나거나 피부가 건조해진다. 보습을 철저히 해야 건강한 피부를 유지할 수 있다.

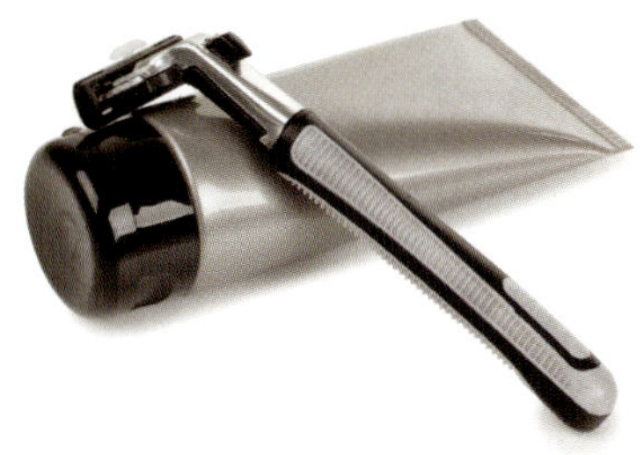

니베아 포맨 | 센스티브 셰이빙 폼
면도에 사용하는 무스 타입 셰이빙 폼. 펌핑형으로 사용이 간편하고 저자극이라 피부 트러블 걱정 없이 사용 가능한 제품이다.

숨 | 워터풀 타임리스 워터 젤 크림
젤 타입의 시원한 텍스처가 특징인 수분 크림. 가벼운 사용감으로 화장품 바르는 것을 싫어하는 남성들도 부담 없이 사용이 가능하다.

랩 | 데일리 모이스처 디펜스 아이 밤
수분 함량을 극대화해주는 눈가 전용 밤. 잔주름은 물론 눈 밑 부기와 다크서클까지 예방해 안티에이징에 탁월한 제품이다.

BEAUTY ADVICE

여자만큼 민감한 남자 피부 케어

수염으로 덮여 있어 까슬까슬해 보이지만 사실 남자 피부도 여자만큼 민감하다. 매일 하는 면도 때문에 턱 부위는 염증이 생기기도 하고 각질로 거칠어지기도 한다. 잊지 말자! 남자들의 피부에도 세심한 케어가 필요하다는 사실.

❶ 보습
남자 피부는 수분 증발량이 많아 여성의 피부보다 훨씬 더 건조하다. 특히 면도 후에는 천연 보습막이 깎여 나가 건조함이 극에 달한다. 애프터케어 로션이나 보습 제품을 발라 충분히 수분을 공급하는 것이 좋다.

❷ 안티에이징
남자들에게도 안티에이징은 필요하다. 피부 탄력을 높이는 아이 크림이나 자외선 차단제는 필수적으로 사용해야 할 아이템.

❸ 각질 케어
대충하는 비누 세안으로는 각질을 제대로 케어할 수 없다. 각질 제거 기능이 있는 스킨을 사용하거나 스크럽 제품을 사용해 주기적으로 각질을 제거해야 한다. 다만 스크럽 제품을 너무 자주 사용할 경우 피부를 자극시켜 민감성 피부를 만들 수 있으니 일주일에 한 번 정도 하는 게 좋다.

피지를 잡는 보송보송 베이스 메이크업

남자 피부라고 모두 번들번들 유분이 넘쳐나는 것은 아니지만 대부분의 남자들은 여자에 비해 땀 분비량도 많고 유분도 많은 편이다. 특히 더운 여름에는 땀의 분비량이 늘면서 유분의 양이 더욱 증가한다. 땀과 수분이 증가하면서 피부는 건조해지는데, 이때 우리 피부는 수분이 아닌 유분 부족이라 착각하고 더 많은 피지를 분비한다. 얼굴의 피지를 제대로 관리하지 않으면 모공을 막아 각종 피부 트러블을 유발할 수 있다. 유수분 밸런스를 조절하는 기초 제품을 사용하고 피지를 잡는 베이스 메이크업을 더한다면 고민을 해결할 수 있다.

지성 피부의 경우 유수분을 조절해주는 기능성 제품을 발라 피부의 수분은 지키면서 유분은 조절해주도록 한다.

베이스 메이크업 전 수분을 공급해줄 수 있는 미스트를 뿌려 촉촉한 피부를 만든다. 자외선 차단 기능의 제품을 사용하면 따로 자외선 차단제를 사용하지 않아도 된다.

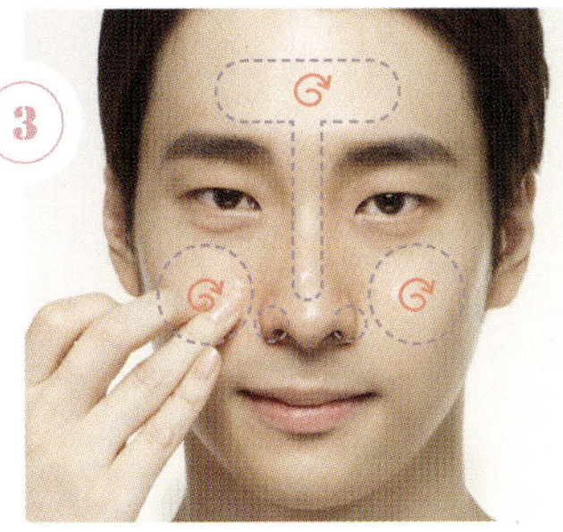

피지 분비를 막아주는 모공 프라이머를 유분이 넘쳐나는 T존과 볼, 콧방울에만 소량을 덜어 손가락으로 굴리듯이 펴 발라 모공을 채운다.

라텍스 스펀지에 소량의 비비 크림을 묻혀 얼굴 중앙에서 바깥쪽으로 가볍게 밀어내며 바른다. 얼굴 전체에 바르지 말고 볼 주변만 얇고 균일하게 바른다. 모공이 채워지면 톡톡 두드려 밀착력을 높인다.

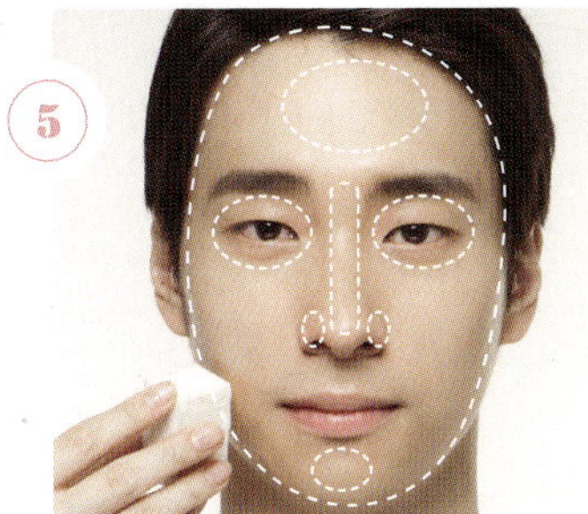

라텍스에 묻은 여분의 비비 크림으로 이마, 턱, 페이스라인에 펴 바르며 볼 부위와 자연스럽게 톤을 맞춘다. 가장 마지막으로 눈, 코, 입가를 세밀하게 정돈한다. 모든 과정은 라텍스에 묻은 여분의 비비 크림만 사용한다.

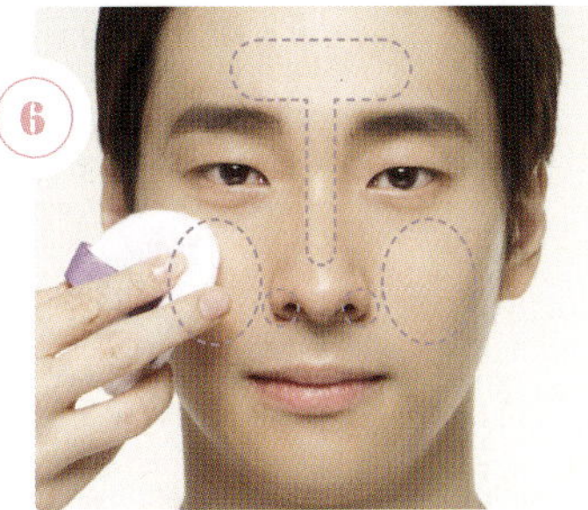

분첩에 투명 파우더를 묻혀 손등에서 가볍게 털어내 양을 조절한다. 유분이 많은 T존, 볼 콧방울 부위를 가볍게 두드려 비비 크림의 밀착력을 높인다.

키엘 맨 | 오일 일리미네이터 24시간 안티 샤인 모이스처라이저
번들거림을 케어해주고 피지를 흡착시켜주며 산뜻하고 촉촉하게 마무리된다.

베네피트 | 더 포머페셔널
실키한 느낌의 모공 프라이머 제품. 얇고 균일하게 도포되어 모공과 잔주름까지 효과적으로 커버해준다.

꾸셀 | 비체밤 비비 크림 '3호'
크림 타입의 제형으로 적당한 유분과 풍부한 수분이 적절한 조합을 이루고 있는 제품. 커버력보다는 자연스러운 피부 표현에 적합하다.

베이스 메이크업 할 때 요령

❶ 파운데이션 브러시 사용에 익숙하지 않은 남성들이 브러시를 사용하면 오히려 메이크업이 어색해질 수 있다. 라텍스 스펀지나 손가락을 사용해 피부 결을 따라 펴 바르면 된다.

❷ 볼 부위에만 집중적으로 바른다. 이마, 턱, 페이스 라인은 라텍스에 묻은 비비 크림을 이용해 스치듯 발라 톤만 조절한다. 이마와 턱 부위의 메이크업이 너무 진하면 전체적으로 얼굴이 둥둥 떠 보이고 메이크업 티가 많이 나기 때문에 좋지 않다. 남성 메이크업도 자연스러워야 한다는 사실을 기억할 것.

❸ 비비 크림으로 범벅된 입술은 누가 봐도 화장한 얼굴이다. 메이크업이 끝나면 티슈로 가볍게 닦아내고 손가락으로만 톡톡 두드려 자연스러운 입술 컬러가 보이도록 한다.

내 남자의 메이크업 제품 고르는 방법

❶ 유분이 많아 번들거리는 제품은 피하는 것이 좋다. 발랐을 때 수분감이 충분해 흡수가 되면서 끈적이지 않는 제품을 고른다.

❷ 턱선과 목이 연결되는 부위에 경계가 생기지 않도록 주의해야 한다. 베이스 메이크업 제품을 고를 때 턱선에 제품을 소량 발라본 후 본인의 피부 톤과 같아 도드라지지 않는 컬러를 고르는 것이 좋다.

❸ 자연광에서 봤을 때 자연스러운 컬러 톤인지 확인해 보아야 실패할 확률이 적다. 실내에서는 조명의 컬러로 인해 색감 구별이 쉽지 않다. 테스트 제품을 발라보고 자연광에서 확인한 후 구매할 것을 권한다.

❹ 얼굴 톤이 노랗거나 칙칙한 피부 톤은 붉은 기가 함유된 파운데이션을, 붉은 기가 많다면 노란 기 있는 파운데이션에 비비 크림을 섞어 발라주면 효과적이다.

❺ 모공, 요철이 심하다면 피지 조절 기능이 있고 모공 커버가 가능한 프라이머 제품을 선택한다. 먼저 가볍게 발라 피부 표면을 고르게 한 후 비비 크림이나 파운데이션을 발라주면 매끈한 피부표현을 할 수 있다.

얼룩덜룩 잡티를 커버하는 신의 한 수

기미, 주근깨, 잡티는 여자만의 고민이 아니다. 남자들도 잡티 때문에 얼굴이 지저분해보이고 심한 경우 피부 전체가 칙칙해 보이기까지 한다. 잡티가 심한 피부인 경우 전체적으로 메이크업을 하면 오히려 메이크업이 두꺼워질 수 있다. 결국 커버는 커버대로 못하고 자연스럽지 못한 메이크업으로 놀림의 대상이 될지도 모르는 상황. 전체를 커버하려 애쓰지 말고 잡티만 스마트하게 커버할 필요가 있다. 잡티 커버의 필수 아이템인 컨실러는 더 이상 여자들만 사용하는 메이크업 아이템이 아니다.

기초 제품을 꼼꼼히 바른 후, 메이크업 전에 다시 한 번 수분 에센스를 발라 촉촉한 피부를 만들어준다.

베이스 메이크업 시작 전 미스트를 뿌려 충분히 수분을 공급한다. 자외선 차단 기능의 미스트를 이용하면 자외선 차단제를 생략해도 된다.

크리미한 질감의 컨실러를 손가락에 묻혀 다크서클 부위에 톡톡 두드려 펴 바른다. 피부와의 경계가 생기지 않도록 경계를 지우며 자연스럽게 그라데이션한다. 자신의 피부 톤보다 지나치게 밝은 컬러는 다크서클을 도드라지게 하니 피부 톤보다 한 톤만 밝게 선택한다.

비비 크림을 발라 아주 얇고 고르게 톤을 보정한다. 부드러운 스틱 타입의 컨실러를 잡티 부위에 톡톡 찍어 바른다. 손가락을 이용해 경계가 생기지 않도록 자연스럽게 펴 바른다.

나스 | 레디언트 크리미 컨실러
크리미한 텍스처로 건조하지 않고 커버력 또한 높아 다크서클 등 넓은 부분에 뭉침 없이 바르기 쉽다.

크리니크 | 더마 화이트 스팟 컨센트레이트 컨실러
스틱 타입으로 사용이 쉽고 커버력도 우수한 컨실러. 피부 보호 효과의 특수 코팅 색소가 밀착력을 높여 오랜 시간 커버가 지속된다.

울퉁불퉁 여드름 자국! 매끈한 피부 만들기

울퉁불퉁, 울긋불긋 상처를 남긴 여드름은 '청춘의 상징'이 아니라 '청춘의 상처'일 뿐. 여드름 자국은 피부 결을 망치는 가장 큰 원인이 되고 매끄럽지 못한 피부는 음영을 만들어 피부 톤까지 왜곡되어 보이게 할 수 있다. 자연스러운 메이크업으로 요철 심한 여드름 자국을 완벽하게 커버할 수는 없지만 수분감을 충분히 표현하면 피부 톤과 결이 화사하고 매끈해 보일 수 있다. 남자에게도 필요한 광채 스킨 메이크업이 진가를 발휘할 수 있는 피부가 바로 여드름 피부다.

1 기초 제품을 꼼꼼히 바른 후, 메이크업 전에 다시 한 번 수분 에센스를 발라 촉촉한 피부를 만들어준다.

2 베이스 메이크업 시작 전 미스트를 뿌려 충분히 수분을 공급한다. 자외선 차단 기능의 미스트를 이용하면 자외선 차단제를 생략해도 된다.

3 요철과 모공을 채워주는 프라이머를 울퉁불퉁 여드름 자국 위에 얇게 펴 바른다. 톡톡 두드리지 말고 손가락으로 굴리듯이 발라야 요철 부분을 채울 수 있다.

4 노란 기가 도는 스틱 타입 컨실러를 사용해 여드름으로 생긴 울긋불긋, 울퉁불퉁한 자국을 커버한다. 커버할 부위에 스틱 컨실러를 가볍게 밀어서 바르고 손가락으로 톡톡 두드려 경계만 자연스럽게 없앤다.

5 라텍스 스펀지에 미스트를 뿌려 촉촉한 상태로 만든다. 스펀지가 비비 크림과 피부의 수분을 흡수하지 않아 촉촉함이 유지된다.

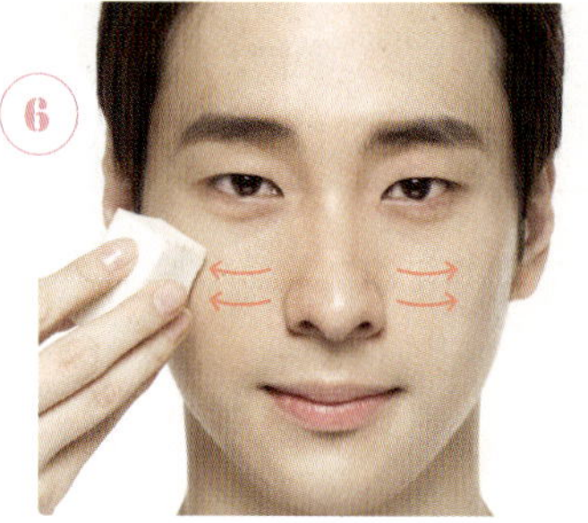

6 손등에서 퍼트린 비비 크림을 라텍스 스펀지에 소량만 묻힌다. 얼굴 중앙에서 바깥쪽으로 가볍게 두드리며 비비 크림을 바른다. 이때 얼굴 전체에 바르지 말고 볼 주변만 얇고 균일하게 바른다.

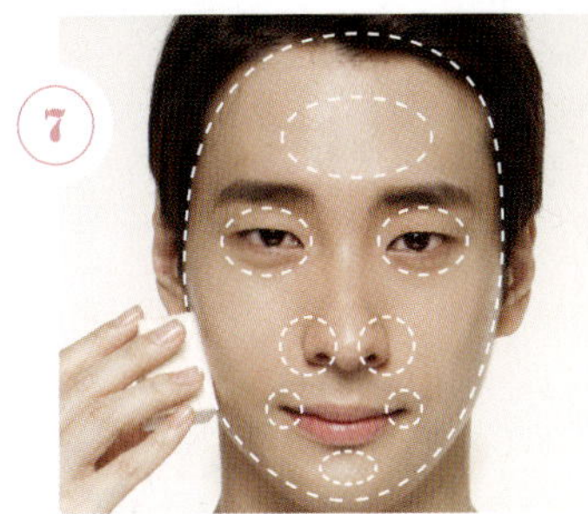

⑦ 라텍스에 묻은 여분의 비비 크림을 이마, 턱, 페이스라인에 펴 바르며 볼 부위와 자연스럽게 그라데이션해 톤만 맞춰준다. 가장 마지막으로 눈, 코, 입가를 세밀하게 정돈한다. 모든 과정은 라텍스에 묻은 여분의 비비 크림만 사용한다.

⑧ 메이크업이 완성되면 다시 한 번 미스트를 뿌려 촉촉한 피부를 만들어준다. 메이크업이 들뜨지 않게 고정시키는 역할도 된다.

쏘 내추럴 | 선 토너 선 킬 유브이 토너 SPF 50
안개 분사로 분사력이 좋아 뭉침이 없으며 백탁 현상과 끈적임이 없고 산뜻하게 마무리된다.

로라메르시에 | 파운데이션 프라이머
피부 타입별로 종류가 다양하게 나눠져 있는 프라이머. 발림성이 좋고 촉촉한 마무리감이 가장 큰 장점이다. 울퉁불퉁한 여드름 자국에는 오리지널과 미네랄을 추천한다.

리스킨 | TS CC 크림
파라벤이 첨가되어 있지 않아 피부 자극도 없으며 미백, 주름 개선, 자외선 차단까지 가능한 기능성 씨씨 크림. 무겁거나 답답한 느낌이 없이 보송보송한 느낌으로 마무리된다.

IT COSMETIC

귀차니스트 남친을 위한 특별 아이템, 씨씨 크림

씨씨 크림이란 스킨케어의 기능과 톤 조절 기능의 효과를 가지고 있는 메이크업 제품이다. 한 가지 제품에서 스킨케어, 자외선 차단, 커버까지 가능하다 보니 사용자가 크게 증가하기도 했다. 제조사마다 Color Correction, Color Change 등의 뜻을 가지고 출시되며 비비 크림보다 사용감이 가볍고 수분이 풍부하지만 커버력은 다소 떨어진다. 씨씨 크림은 바를 때는 하얀 크림이지만 터치할수록 피부 톤에 맞게 컬러가 변하는 특징도 가지고 있다. 주의할 것은 일반적인 씨씨 크림은 남자가 바를 경우 너무 하얗게 표현될 수 있으니 반드시 남성 전용 제품을 사용할 것.

활동 유형별 자외선 차단제 선택 요령

❶ 사무실에서 생활하는 직딩 남친
실내 생활이 비교적 많은 남자친구에게는 SPF 20~30 정도의 자외선 차단제면 충분하다. 실내에만 있다고 자외선 차단제를 바르지 않는 것은 금물. 자외선 중 UVB는 유리를 통해 대부분 반사되지만 UVA는 70% 정도가 그대로 투과되기 때문이다. 그렇다고 SPF 지수가 50 이상이 되는 제품을 바를 필요는 없다. 오히려 자외선 차단 지수가 높아질수록 자외선 차단제의 성분도 강해져 피부 트러블을 일으킬 수 있다.

❷ 야외 활동이 많은 운동 마니아 남친
야외 활동을 많이 하는 남자친구에게는 좀 더 강력한 자외선 차단지수의 제품을 권한다. 자외선 노출량이 많은 날에는 SPF 50 이상의 제품을 사용해야 한다. 하지만 자외선 차단지수가 높다고 하루 종일 자외선이 차단되는 것은 아니다. SPF 1은 자외선 차단 시간이 15~20분, SPF 20은 20배인 300~400분을 차단한다는 의미다. 하지만 땀이나 여러 가지 환경에 의해 지워질 수 있어 3시간마다 덧바를 것을 권한다. 만약 민감한 피부 타입이라면 차단 지수가 낮은 SPF 15~20 정도의 제품을 1시간마다 덧바르는 것이 좋다.

부장님도 교수님도 몰라보는 **민낯 그루밍**

피부 메이크업을 하는 것이 여의치 않은 경우가 있다. 아직 우리 사회에는 '화장하는 남자'에 대해 너그럽지 못한 기성세대가 많기 때문. 남자친구가 보수적인 조직에서 일하고 있는 새내기 직딩이거나 교수님 눈에 찍힐까 노심초사하는 범생 타입이라면 메이크업은 엄두조차 내기 어려울 것이다. 이럴 땐 티 나지 않게 균일한 피부 톤을 만들어주는 보정 메이크업에 도전해보자.

기초 제품을 꼼꼼히 바른 후, 메이크업 전에 다시 한 번 수분 에센스를 발라 촉촉한 피부를 만들어준다.

베이스 메이크업 시작 전 미스트를 뿌려 충분히 수분을 공급한다. 철저한 수분 공급으로 메이크업이 들뜨는 것을 예방할 수 있다. 자외선 차단 기능의 미스트를 이용하면 간편하게 자외선을 차단할 수 있다.

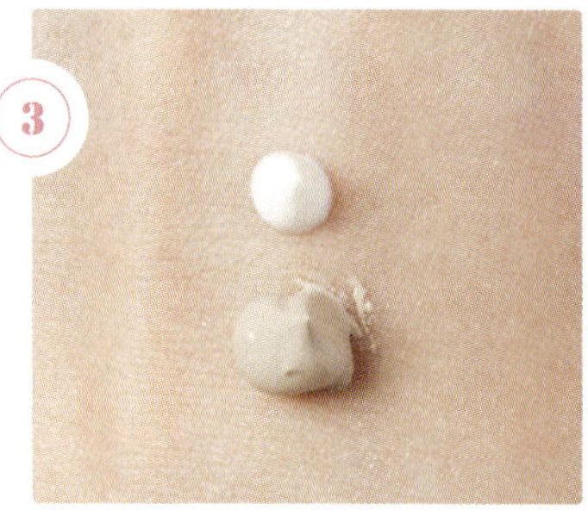

자연스러운 메이크업을 위해 비비 크림과 크림 타입의 자외선 차단제를 2:1 비율로 믹스한다. 자외선 차단제는 시간이 지나면 백탁 현상도 없어지고 자연스러운 피부 톤으로 바뀌는 특징이 있다. 비비 크림을 믹스하면 자연스러운 커버가 가능한 제품이 탄생한다.

소량의 믹스 비비 크림을 손가락에 묻혀 붉거나 칙칙한 부분에만 살짝 터치한다. 얇게 펴 바르고 톡톡 두드리면 감쪽같이 균일한 피부 톤으로 커버된다.

믹스한 비비 크림은 밀착력과 지속력이 떨어진다는 단점이 있다. 메이크업 픽스 기능이 있는 미스트를 얼굴 전체에 고르게 뿌려준다. 수분을 공급해 촉촉한 얼굴을 만들어주고 메이크업의 지속 시간도 늘릴 수 있다.

베네피트 | 드림 스크린 SPF 45
크림과 에센스의 중간 제형의 선크림으로 촉촉함은 남아 있으면서 흡수가 빠르고 끈적임이 없어 유분이 많은 지성 피부에 적합하다.

메이크업 포에버 | 미스트 앤 픽스
미스트 타입의 메이크업 픽서 제품. 콜라겐이 함유되어 있어 충분히 수분을 공급해주고 메이크업을 고정시켜 유지력을 높여준다.

IT COSMETIC

남자 인상의 70%를 좌우하는 **눈썹 정리**

메이크업을 할 때 눈썹 모양에 따라 이미지가 크게 바뀐다. 일자 눈썹은 청순하고 어려 보이는 이미지를 주고 끝을 길게 빼는 눈썹은 세련된 이미지를 준다. 눈썹 산 모양 하나로도 부드럽거나 날카로운 이미지로 변신이 가능하다. 남자들도 마찬가지다. 도톰하고 진한 눈썹이 남성성을 어필하고 때론 호남형 얼굴로 보이게 한다. 특히 깔끔하게 다듬어진 눈썹은 신뢰감을 높이기도 한다. 눈썹에 따라 달라지는 내 남자의 이미지. 그에게 어울리는 눈썹은 어떤 것이고, 어떻게 다듬어야 할지 가이드라인을 제시한다.

남자답고 강한 매력을 어필하는
일자 눈썹

눈썹 산이 완만하고 눈썹 앞머리에서 꼬리 부분까지 수평을 이루는 눈썹을 일자 눈썹이라고 한다. 일자 눈썹은 부드러우면서도 남자답고 강한 매력을 어필할 수 있다. 다만 꼬리 쪽으로 갈수록 눈썹이 처지지 않도록 수평을 맞춰 다듬는 것이 중요하다.

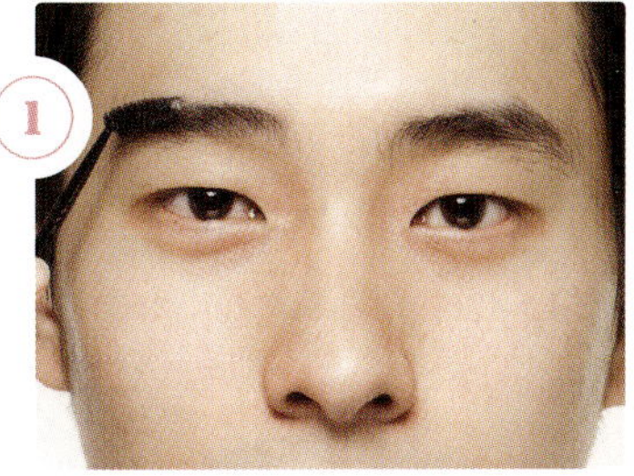

스크류 브러시를 이용하여 눈썹을 결 따라 빗어 정돈한다.

정리하고자 하는 형태의 눈썹으로 가이드라인을 그린다. 짙은 컬러의 아이라인 펜슬을 사용해 눈썹 모양을 그려본다. 일자형 눈썹은 눈썹 산을 없애고 눈썹 밑 부분이 수평이 되도록 앞부분과 뒷부분을 일자로 만들어야 한다.

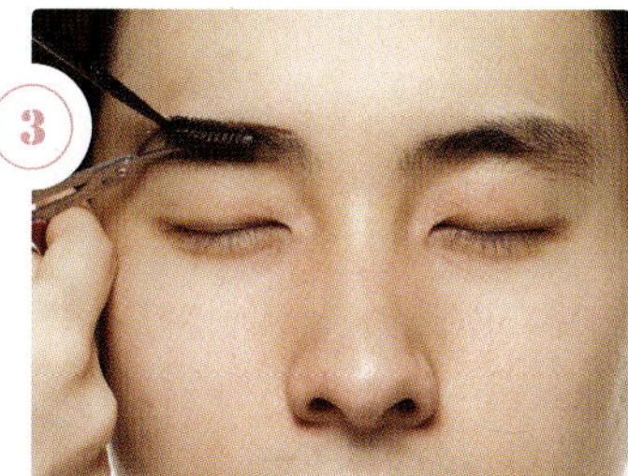

아이브로우 브러시를 사용해 눈썹을 내려 빗는다. 가이드라인 밑으로 내려오는 눈썹을 가위로 정리한다.

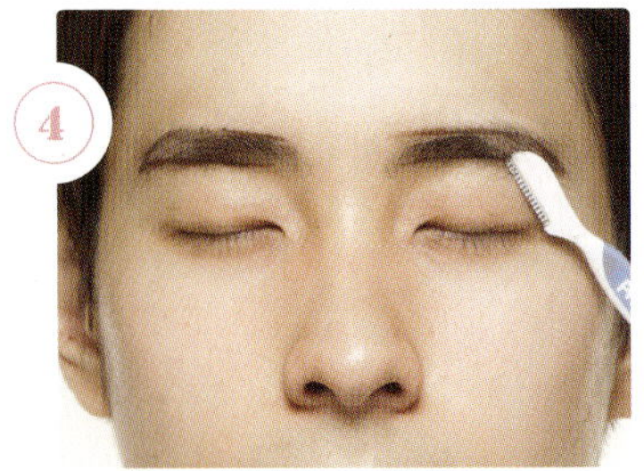

눈썹 전용 나이프를 이용해 눈두덩의 지저
분한 눈썹을 제거한다.

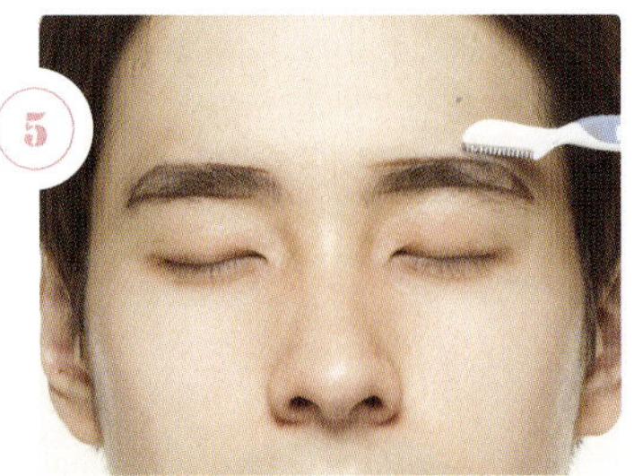

일자 눈썹은 눈썹 산이 너무 각진 모습이면
안 된다. 눈썹 전용 나이프나 가위를 이용해
완만하게 정리한다.

클렌저를 이용해 가이드라인을 깔끔하게 지
운다. 눈썹 숱이 적거나 눈썹이 흐리면 아이
브로우 마스카라나 아이브로우 펜슬을 이용
해 빈 부분을 채우고 결을 정리한다.

날카롭고 이지적인 분위기를 만드는
각진 눈썹

눈썹 산이 분명하게 드러나는 각진 눈썹은 날카로운 느낌이지만 세련되
고 이지적인 느낌을 동시에 가지고 있다. 눈썹 산이 도드라져 있는 사람
의 경우 굳이 모두 제거하지 말고 그대로 살려 각진 눈썹을 연출해도 좋
다. 각진 눈썹은 꼬리 부분도 날카롭게 정리해 샤프한 모양을 만드는 것
이 포인트다.

스크류 브러시로 눈썹을 결 따라 빗어 정돈
한다.

정리하고자 하는 형태의 눈썹으로 가이드라
인을 그린다. 짙은 컬러의 아이라인 펜슬을
사용해 눈썹 모양을 그려본다. 각진 눈썹은
눈썹 산을 일부러 없애지 말고 그대로 살려
포인트를 준다.

아이브로우 브러시를 사용해 눈썹을 내려
빗는다. 가이드라인 밑으로 내려오는 눈썹
을 가위로 정리한다.

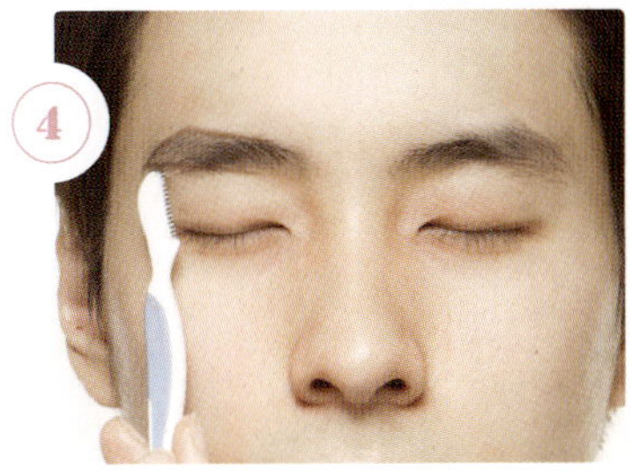

눈썹 전용 나이프를 이용해 눈 앞머리와 눈
두덩의 잔눈썹을 제거한다.

클렌저를 이용해 가이드라인을 깔끔하게 지
운다. 눈썹 숱이 적거나 눈썹이 흐리면 아이
브로우 마스카라나 아이브로우 펜슬을 이용
해 빈 부분을 채우고 결을 정리한다.

선한 이미지를 만드는
둥근 눈썹

각진 얼굴형이 도드라지거나 무서운 인상이라는 말을 자주 듣는다면 완
만한 곡선을 이루는 둥근 눈썹을 연출하면 좋다. 눈썹 산을 조금만 다듬
어 완만하게 연결하고 꼬리 부분을 다른 눈썹보다 약간 처지게 정리하면
완성된다.

스크류 브러시로 눈썹을 결 따라 빗어 정돈
한다.

정리하고자 하는 형태의 눈썹으로 가이드라
인을 그린다. 짙은 컬러의 아이라인 펜슬을
사용해 눈썹 모양을 그려본다. 둥근 눈썹은
눈썹 산을 완만하게 그리고 꼬리 부분을 조
금 처지게 그리면 된다.

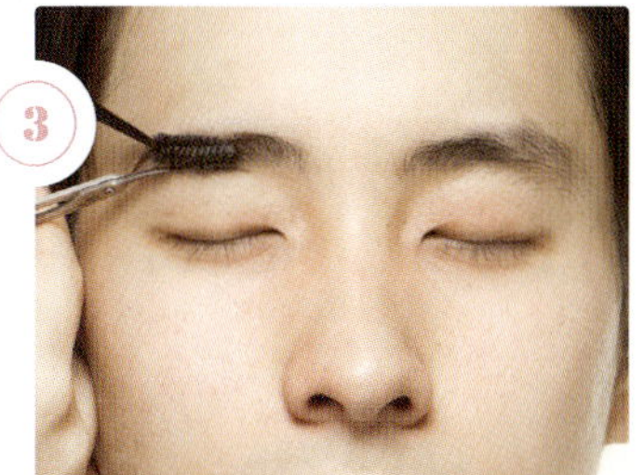

아이브로우 브러시를 사용해 눈썹을 내려
빗는다. 가이드라인 밑으로 내려오는 눈썹
을 가위로 정리한다.

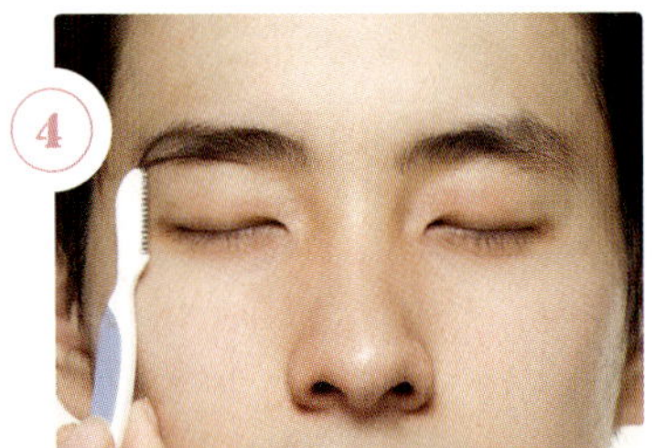

눈썹 전용 나이프를 이용해 눈두덩의 지저분한 눈썹을 제거한다.

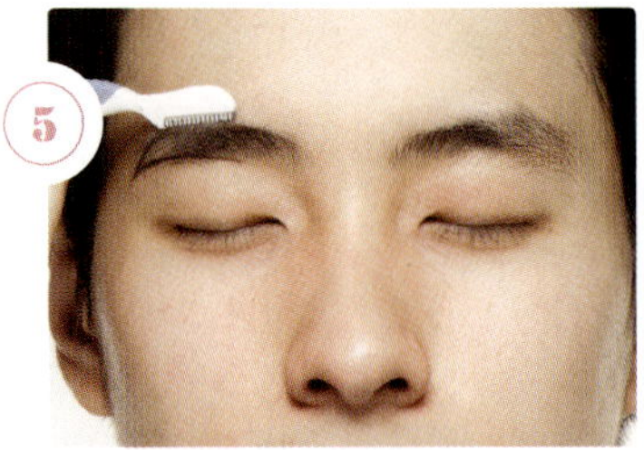

둥근 눈썹은 눈썹 산의 각을 조금만 정리하면 된다. 한꺼번에 많이 잘리지 않도록 눈썹 전용 나이프나 가위를 이용해 가닥가닥 조금씩 정리하는 것이 좋다. 정리가 어려운 부분은 족집게를 이용해 한 가닥씩 뽑아내도 된다.

클렌저를 이용해 가이드라인을 깔끔하게 지운다. 눈썹 숱이 적거나 눈썹이 흐리면 아이브로우 마스카라나 아이브로우 펜슬을 이용해 빈 부분을 채우고 결을 정리한다.

BEAUTY ADVICE

눈썹 정리에 필요한 도구

❶ 눈썹을 빗어 올리는 아이브로우 브러시

눈썹 가위를 이용해 커트할 때 눈썹을 빗어서 들어올리는 용도로 사용한다. 일반적인 빗의 용도로 눈썹에 사용하면 된다.

❷ 눈썹의 결을 정리하는 스크류 브러시

나선형으로 된 브러시로 눈썹의 결을 고르게 정리하는 데 필요한 도구다.

❸ 칼날이 얇은 눈썹 가위

끝부분이 곡선으로 살짝 들린 가위를 선택하는 것이 좋다. 삐죽삐죽 길이가 다른 눈썹을 빗어서 한꺼번에 정리할 때 사용한다.

❹ 눈썹 산을 커트할 나이프

눈썹 위쪽에 날카롭게 각이 진 부분을 눈썹 산이라고 하는데, 이 부분을 커트해 눈썹 모양을 다듬을 때 필요하다.

❺ 얇은 눈썹 정리용 족집게

눈썹을 족집게로 자주 뽑으면 눈두덩 살이 늘어나서 처질 수 있다. 되도록 나이프를 이용해 그때그때 밀어서 정리하는 편이 좋다. 한두 가닥 삐져나온 눈썹을 정리할 때만 사용한다. 끝의 맞물림이 정확한 것을 선택하고 폭은 5mm 정도가 적당하다.

❻ 가이드라인을 그릴 블랙 펜슬 타입 아이라이너

아이브로우 펜슬이 있지만 펜슬 타입의 아이라이너를 사용하면 더 진하고 확실한 가이드라인을 표시할 수 있고 눈썹을 다듬을 때 실패할 확률을 낮출 수 있다.

시세이도 | 아이브로우 펜슬

아이브로우와 아이라인 용도로 같이 사용할 수 있는 펜슬이며, 너무 진하지 않아 편하게 가이드라인을 잡을 수 있다.

카이 | 눈썹 가위

눈썹 전용 가위와 나이프로 유명한 브랜드. 정교한 가위날이 남자들의 두꺼운 눈썹도 정교하게 커트해준다. 깔끔하게 눈썹을 정리할 수 있는 아이템이다.

이니스프리 | 에코 납작 아이브로우 펜슬 '4호 딥 브라운'

자연스러운 컬러의 타원형 납작 펜슬로 눕혀서 그릴 수 있어 메이크업에 서툰 남자들이 사용하기 편리하다.

IT COSMETIC

좀 더 과감하게! 아이돌 아이 메이크업

앞에서 언급했지만 20대 남자들 중에는 음영 셰도, 아이라인, 마스카라까지 거리낌 없이 연출하는 이들도 있다.
아이돌을 능가하는 그들의 메이크업에서 격세지감을 느끼기도 하고 자유분방함을 느끼기도 한다. 대한민국 모든
남자의 데일리 메이크업이 될 수는 없겠지만 특별한 날, 내 남자친구의 변신을 꿈꾸며 스킬을 익혀보자.

① 파운데이션으로 잡티를 커버해 깨끗하고 매
끈한 베이스 메이크업을 완성한다.

② 헤어 컬러와 비슷한 컬러의 아이브로우 마
스카라를 이용해 짙고 도톰한 눈썹을 완성
한다. 결의 반대 방향으로 한 번, 결을 따라
한 번 발라주면 된다.

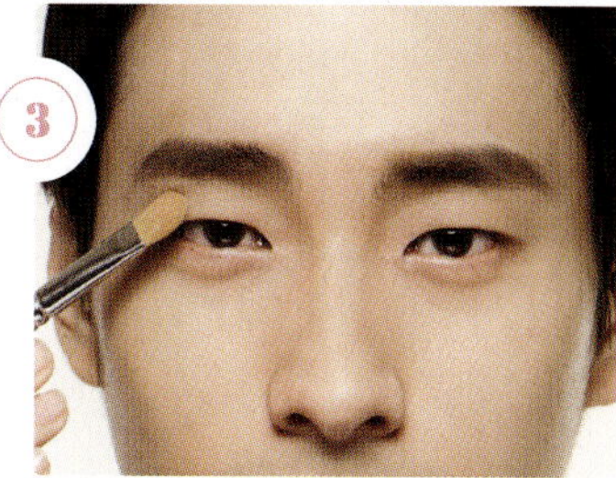

③ 누드 베이지 톤의 셰도를 눈두덩 전체에 얇
고 균일하게 펴 바른다. 펄 없이 매트한 타입
의 셰도를 이용해 톤을 정돈한다.

④ 워터프루프 기능의 블랙 펜슬라이너를 이용
해 속눈썹 점막을 꼼꼼히 채워 아이라인을
그린다. 눈꼬리 모양에 따라 그대로 연결해
5~8mm 정도 길게 빼준다.

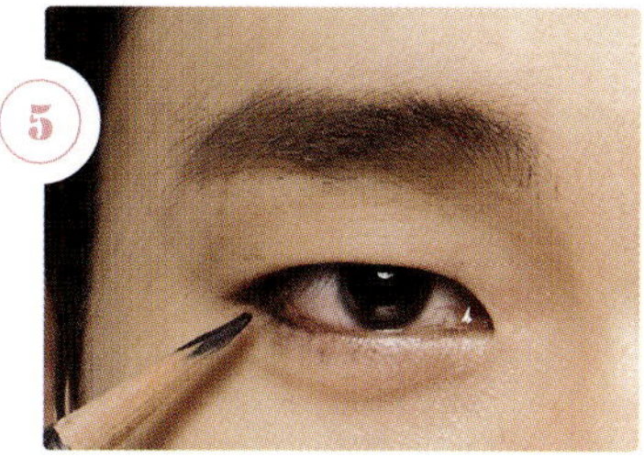

⑤ 워터프루프 기능의 블랙 펜슬라이너를 이용
해 눈꼬리부터 언더라인 2분의 1 지점까지
연결성 있게 라인을 그린다.

⑥ 짙은 브라운 컬러의 셰도를 브러시에 소량
묻혀 아이라인을 뭉개듯 쌍꺼풀 라인 위주로
펴 바른다. 아이라인이 셰도 컬러와 어우러
져 자연스럽게 그라데이션이 되도록 한다.

언더라인도 마찬가지로 브러시를 이용해 풀어줘 자연스러운 스머지 효과를 준다.

FINISH

토니모리 | 딜라이트 모노 섀도 '매트 06 카푸치노'
펄이 없는 옅은 브라운 컬러로 눈에 음영을 주어 눈매가 깊어 보이는 효과를 볼 수 있다.

더페이스샵 | 페이스잇 스타일링 오토젤라이너 '01 엣지 블랙'
오토 타입의 부드러운 펜슬로 발림성이 뛰어나고 유수분에 강하여 아이라인이 번지지 않고 오랫동안 지속된다.

나스 | 싱글섀도 '메콩'
골드 펄과 믹스된 에스프레소 컬러의 섀도. 컬러 발색이 뛰어나고 가루날림이 적어 스모키 메이크업에 적합하다.

남자 아이돌 메이크업의 특징

❶ 피부 표현은 깔끔하게
남자 아이돌이라고 해도 동안 메이크업을 포기해서는 안 된다. 피부 표현은 되도록 깔끔하게 잡티를 커버하는 정도로 화사하게 표현한다.

❷ 아이 메이크업은 눈꼬리 부분을 짙고 깊어 보이게
아이 메이크업은 화려한 컬러보다는 블랙, 그레이, 브라운 컬러를 이용한다. 눈꼬리 부분을 짙고 깊게 표현해 길고 시원한 눈매를 만든다.

❸ 아이브로우는 도톰하고 진하게
아이브로우는 도톰하고 진하게 표현해서 남성다움을 어필한다.

❹ 아이라인은 스머지 효과
리퀴드 라이너 대신 펜슬 라이너를 사용해 포인트 섀도와 자연스럽게 어우러져 스머지 효과를 줄 수 있도록 한다.

❺ 립 메이크업은 최대한 자연스럽게
반짝이는 글로스를 사용하지 않고 최대한 매트하고 자연스러운 컬러를 사용해 혈색을 주는 정도로만 표현한다.

수트에 어울리는 깔끔한 느낌의
헤어 스타일링

군대 가는 남자 스타가 머리를 짧게 깎고 훈련소 앞에서 인터뷰하는 모습을 볼 때마다 '아! 남자는 정말 헤어 스타일이 중요하구나!'라는 큰 깨달음을 얻게 된다. 진정한 그루밍족은 때와 장소, 입고 있는 의상에 따라 헤어 스타일에도 변화를 줄 수 있어야 한다. 깔끔하게 떨어지는 수트에는 깨끗하게 빗어 넘긴 포마드 헤어가 어울리지만 나이 들어 보인다는 게 함정. 앞머리를 내려 기본적인 스타일을 만드는 것이 훨씬 더 어려 보이고 깔끔하게 연출할 수 있다.

타월 드라이를 한 후 정수리 부분 모근에 볼륨 스프레이를 가볍게 뿌린다. 머리를 무작정 털어서 말리지 말고 손가락 사이에 머리카락을 넣어 결대로 쓸어내리며 드라이어로 말리는 것이 좋다.

구레나룻 선부터 귀 윗부분까지의 볼륨을 죽여야 두상이 예쁘게 연출된다. 손바닥으로 옆머리를 누른 상태에서 위에서 아래로 바람을 주고 잠시 식힌 다음 손을 천천히 뗀다. 양쪽 똑같이 진행한다.

볼륨을 세워야 할 머리카락을 손가락 사이 사이에 넣고 들어준다. 모근에 드라이어 바람을 약하게 하여 열기를 준 다음 식히기를 2~3차례 반복한다.

모발의 결 방향대로 정수리 부분의 모발을 손으로 꼬아서 드라이 열을 주고 식히기를 2~3차례 반복한다. 핸드 드라이로 자연스러운 볼륨과 웨이브를 만들 수 있다.

3번 과정과 같이 머리 뒷부분의 모발을 들어 뿌리 가까이 드라이어의 바람을 주고 식히기를 2~3차례 반복한다. 반복하는 동안 머리카락을 내리지 말고 계속 들고 있어야 볼륨이 잘 산다.

다시 머릿결대로 손 빗질하며 약한 열기로 머리를 정돈해준다.

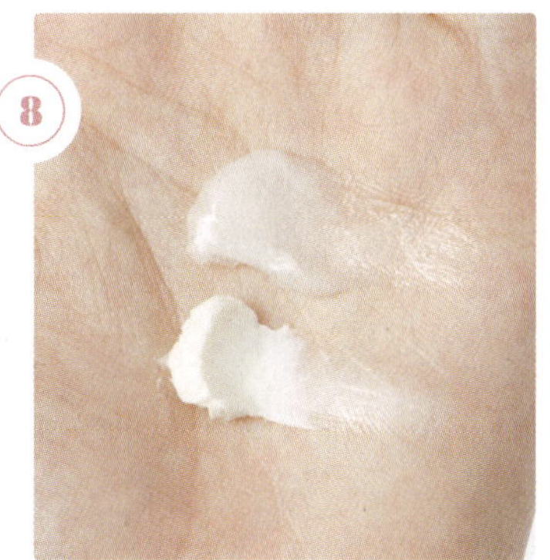

소프트한 왁스를 적당량 손바닥에 덜어 고르게 퍼트린다. 사이드 부분의 모발에 결과 반대 방향으로 왁스를 바르고 다시 결대로 눌러 정리한다.

크림 타입의 에센스를 왁스와 같은 비율로 덜어 고르게 믹스한다. 앞머리 부분을 뺀 정수리 부분의 모발에 결대로 바른 후 가볍게 손 빗질하여 정리한다. 볼륨이 죽지 않게 가볍게 바르는 게 포인트.

모발에서 20~30cm 떨어진 거리에서 고정력이 좋은 하드 타입의 스프레이를 분사해 스타일을 잡아준다.

IT COSMETIC

로레알 | 크레파쥬드 쉬퐁
모근에 힘을 부여하여 볼륨감 있는 스타일을 완성하는 스프레이 타입의 제품이다.

로레알 | 디폴리쉬
부드러운 페이스트 타입의 왁스로 매트한 질감을 연출한다.

샨홍 | SH-RD 프로틴 크림
크림 타입의 단백질 영양 에센스로 손상된 모발을 회복시켜주고 모발에 윤기와 생동감을 준다.

로레알 | 픽스 디자인 스프레이
액체 타입의 하드한 스프레이로 고정력이 뛰어나다.

> **BEAUTY ADVICE**

가는 모발 볼륨 살리기 비법

가는 모발일수록 볼륨을 잘 살려줘야 오랜 시간 가라앉지 않고 처음 상태의 스타일을 유지할 수 있다. 타월 드라이만 한 상태에서 모근에 힘을 주는 볼륨 스프레이를 모근 가까이에 뿌려주는 것이 포인트. 마른 모발에 볼륨 스프레이를 뿌리면 기름져 보일 수 있으니 촉촉한 상태에서 소량만 가볍게 뿌린다. 가는 모발의 경우 왁스는 정말 소량만 사용해야 한다. 왁스의 무게만으로도 모발이 가라앉을 수 있기 때문이다. 마무리는 반드시 하드 타입의 스프레이를 뿌려 고정력을 높여야 모발의 볼륨이 오랫동안 지속될 수 있다.

편안한 캐주얼 룩에는 딱딱하게 고정된 헤어 스타일보다 헤어의 질감을 자연스럽게 살린 스타일이 좋다. 모발을 구겨가면서 핸드 드라이를 해주면 특별한 기술이 없어도 내추럴한 헤어 스타일을 연출할 수 있다. 왁스를 이용해 볼륨을 살릴 때는 크림 타입의 에센스를 섞어 사용해볼 것. 한층 더 윤기 나고 볼륨 있는 스타일을 연출할 수 있다. 펑키한 스타일은 짧은 길이의 모발보다 밝은 컬러에 조금 긴 길이의 모발에 더 어울린다. 모발의 질감을 살려 자연스러움을 강조한 펑키 스타일은 꾸미지 않은 듯한 편안함이 포인트.

① 타월 드라이를 한 후 젖은 모발에 소량의 왁스 또는 적당량의 컬 크림을 바른다. 앞머리를 제외하고 정수리 부분과 뒷부분 모발에 전체적으로 바르면 된다.

② 구레나룻 선부터 귀 윗부분까지의 볼륨을 죽여야 두상이 예쁘게 연출된다. 손바닥으로 옆머리를 누른 상태에서 위에서 아래로 바람을 주고 잠시 식힌 다음 손을 천천히 뗀다. 양쪽 똑같이 진행한다.

③ 소량의 왁스 또는 컬 크림을 바른 정수리 부분과 뒷부분의 모발을 손으로 구겨가면서 드라이어의 열기를 준다.

④ 사이드 부분의 모발에 결과 반대 방향으로 왁스를 바르고 다시 결대로 눌러 정리한다.

⑤ 정수리 부분과 뒷부분은 이미 왁스가 어느 정도 발라져 있는 상태이므로 적당량의 에센스를 사용하여 윤기와 볼륨만 살려준다.

⑥ 모발에서 20~30cm 떨어진 거리에서 스프레이를 분사해 스타일을 잡아준다.

IT COSMETIC

레이블엠 | 컬 크림
끈적임이 없고 모발을 매끄럽고 촉촉하게 해주며 웨이브를 오래 유지시켜 준다.

로레알 | 에르네뜨 스프레이
자연스런 헤어 스타일을 유지하며 습기로부터 모발을 보호하고 스타일 수정이 가능하다.

BEAUTY ADVICE

에센스와 왁스를 한 번에!

왁스는 왁스대로, 에센스는 에센스대로 따로 써야 된다는 생각은 잊자. 파운데이션과 비비 크림을 믹스해 새로운 질감의 파운데이션을 만들듯 왁스와 에센스를 믹스해 사용하면 매끄러운 질감의 새로운 왁스를 만들 수 있다. 아무리 소프트한 왁스를 쓴다고 해도 끈적임과 매트함은 없어지지 않는다. 이때 왁스와 크림 타입의 에센스를 1:1로 섞어 사용하면 윤기가 나면서도 볼륨감 있는 스타일을 연출할 수 있다. 리퀴드 타입의 에센스는 왁스와 잘 섞이지 않으니 크림 타입의 에센스를 사용하는 것이 좋다. 왁스를 먼저 손바닥에 펴 바른 다음 에센스를 섞는 것이 포인트다.

김활란의
메이크업 스토리

수많은 스태프들과의 화보 촬영, 인생 최고의 날을 선사해야 할 웨딩 메이크업, 그리고 셀러브리티들과의 파티까지. 마냥 화려해 보이기만 하는 무대 뒤 진짜 메이크업 스토리와 오랜 시간 인연을 이어온 스타들과의 진솔한 이야기를 통해 메이크업 아티스트 김활란의 열정과 삶을 엿본다.

ˋArtist&Museˊ_ **Allure**

김
효
진

■ 'ˋ아티스트&뮤즈(Artist&Muse)'라는 커다란 콘셉트는 정해져 있었지만 여배우 각각의 화보 콘셉트는 특별히 정해져 있지 않았다. 우리가 잡은 콘셉트는 10대부터 50대까지 여성의 이미지를 만발한 꽃으로 표현하는 것. 콘셉트를 잡고 나서도 밤새 시안을 찾고 헤어, 의상, 소품 하나하나까지 꼼꼼하게 점검했다.

ⓒ 얼루어(photographer 최용빈)

■다섯 가지 각기 다른 콘셉트의 메이크업, 헤어, 스타일링을 연출하는 동안 김효진은 누구보다 적극적으로 의견을 나누고 아이디어를 냈다.

나의 여신,
나 의 뮤 즈 김 효 진

2013년 〈얼루어 코리아〉 창간 10주년을 기념해 진행된 화보 촬영. '아티스트&뮤즈(Artist&Muse)' 콘셉트로 진행된 촬영은 국내 메이크업 아티스트 10인과 그들의 뮤즈 10인이 참여한 작업이었다. 국내의 내로라하는 메이크업 아티스트와 톱클래스의 여배우들이 함께하는 작업이라 솔직히 부담감은 클 수밖에 없었다. 하지만 어떤 메이크업도 충분히 이해하고, 시도하고, 표현해내는 나의 뮤즈 김효진과 함께였기에 부담감은 곧 자신감으로 바뀌었다.

여배우 김효진을 처음 만난 것은 프리랜스 메이크업 아티스트 시절이었다. 10대의 앳된 소녀는 패션지의 모델로 활동하고 있었고 시간이 흐른 뒤 20대 여배우로 다시 만나게 되었다. 그리고 10여 년의 세월을 함께하며 그녀의 달달한 로맨스, 행복한 결혼, 감격스러운 출산까지. '여배우의 삶'뿐만 아니라 온전한 '여성의 삶'까지 모두 지켜보게 되었다. 언제나 반짝이는 영감과 기분 좋은 에너지를 주는 김효진과의 10년이 훌쩍 넘는 인연. 화보 속 다섯 컷 사진을 통해

■ 이렇게 힘든 촬영을 진행할 때마다 가장 큰 힘이 되어주는 것은 팀원들이다. 손발이 척척 맞는 뮤제의 드림팀. 그들과 함께해 즐겁게 마무리할 수 있었던 촬영이었다.

온전히 그녀의 인생을 이야기하고 싶었다. 여배우의 인생이 아닌, 꽃처럼 화사하고 찬란한 '여자 김효진'을 표현하기로 한 것이다. 청초하고 순수한 10대 소녀의 모습, 달콤한 로맨스와 결혼을 이어가며 만개한 20대의 찬란한 모습, 우아하고 성숙한 여인으로 다시 피어나는 30대 여성의 모습을 그려갔다. 그리고 짙은 스모키 메이크업과 중절모를 통해 강인하고 원숙한 아름다움을 보여주는 40대를 상상했고, 고혹적인 매력을 발산하며 우아함의 정수를 보여줄 50대 김효진을 떠올리며 작업했다. 10대부터 50대까지 꽃을 테마로 한 다양한 메이크업과 스타일링의 의도를 제대로 간파한 그녀는 그 이미지를 200% 표현해낸 진정한 나의 여신, 나의 뮤즈다.

'Lady in Black'_ **Allure**

하지원

© 얼루어(photographer 최용빈)

■바쁜 스케줄로 인해 배우 하지원에게는 화보를 찍을 수 있는 시간이 한정돼 있었다. 짧은 시간 안에 평소와 완전히 다른 느낌을 끌어내야 하기 때문에 스태프 모두가 초긴장 상태. 하지만 촬영에 들어가자 그녀는 강렬하면서도 호소력 짙은 눈빛으로 포토그래퍼의 앵글을 순식간에 사로잡았다.

컬러 블랙,
그 슬픔을 해석하다

셔터가 터지는 순간순간, 화보 속 그녀는 차분하게 슬픔을 연기했다. 영상이 아닌 한 컷의 사진에서 연기를 보여준다는 것은 결코 쉽지 않은 일. 그러나 하지원은 뼛속까지 배우였다. 익숙지 않은 메이크업, 낯선 이미지를 조금의 어색함도 없이 완벽하게 풀어내고 있었다.

원래 여배우 하지원은 그녀가 연기하는 캐릭터처럼 언제나 에너지 넘치고, 밝고, 건강하고, 긍정적인 느낌을 가지고 있는 사람이다. 다시 말해 어디 하나 모나지 않은, 깊은 슬픔이나 우울함과는 거리가 먼 사람이다. 하지만 이번 화보에서는 다소 무거운 이미지로 슬픔을 보여주고, 애절함을 호소해야 했다.

'블랙'을 테마로 한 이번 촬영에서 그녀는 슬픔에 잠긴 듯, 아름다우면서도 오묘한 눈빛을 요구하는 에디터의 마음을 단번에 사로잡았다. 그녀의 평소 모습을 누구보다 잘 아는 나로서는 빛나는 연기력에 박수를 보낼 수밖에 없었다.

의상, 배경, 소품 하나하나까지 모두 블랙인 상태에서는 메

■ 하지원과의 촬영은 언제나 즐겁다. 함께 작업한 지 오래되어 생긴 팀워크랄까. 이번 촬영 역시 슬프고 무거운 분위기를 연출하면서도 OK 사인이 떨어지면 활짝 웃어 보여 촬영장 분위기를 띄워주었다.

이크업이 과해 보이거나 칙칙해 보일 수 있다. 때문에 아이 컬러를 최대한 자제하고 선을 강조하는 형태의 깔끔한 아이 메이크업을 시도했다. 립 메이크업 또한 립 컬러에 다양한 변화를 주어 여러 형태의 색다른 느낌을 연출했다. 거기에 그녀의 애절한 눈빛이 더해져 절제된 슬픔을 완벽하게 표현해냈다.

평소 시도하기 힘든 메이크업을 경험하는 건 언제나 즐거운 일이라고 말하는 배우 하지원. 낯선 메이크업도 거부감 없이 즐겁게 받아들이는 그녀가 있기에 나 역시 피곤한 줄 모르고 행복하게 작업을 마칠 수 있었다. 늘, 그런 그녀에게 감사하다.

■ 평소와 전혀 다른 이미지를 끌어내기 위해 아이 포인트, 립 포인트의 메이크업을 번갈아가며 다양한 느낌으로 연출했다. 짙고 과장된 메이크업이 친숙하지 않았을 텐데 하지원은 그 느낌을 충분히 이해하고 잘 표현해주었다.

MAGAZINE
PHOTO SHOOTING 3
'Beauty Salon'_ ELLE
김효진
신세경
김활란

© 엘르(photographer 안주영)

여배우,
그 녀 들 에 게   살 롱 이 란

2014년 2월, JW 메리어트 동대문(JW Marriott Dongdaemun) 김활란 뮤제네프 아틀리에 점 오픈을 앞두고 신세경, 김효진과 오픈 화보 촬영을 함께했다.

오픈 화보의 콘셉트는 '살롱(Salon)에서 토론을 펼치는 여성들'이었다. 살롱은 17~19세기 프랑스에서 문학, 예술, 정치, 사상 등의 담화를 펼치던 장소로, 사교의 장이자 지적 토론의 장이었다.

여배우에게 살롱의 의미는 오늘날에도 크게 달라졌다고 보지 않는다. 촬영 전 그녀들이 반드시 들러야 하는 곳, 헤어와 메이크업으로 겉모습만 꾸미는 장소가 아니라 정보를 공유하고 트렌드를 받아들이는 장소인 셈이다. 누구보다 진지하고 생각이 깊은 대한민국의 대표 여배우 두 명과 함께 단순히 화보를 위한 촬영이 아닌, 솔직하고 진지한 대화를 나누며 뜻깊은 시간을 보냈다.

나 역시 촬영에 직접 참여했지만 메이크업 아티스트로서 무엇보다 집중했던 것은 그녀들의 헤어와 메이크업. 완벽

■ 촬영 당시 메리어트 동대문 점이 오픈을 하지 않은 상태라 모두들 조심스럽게 촬영할 수밖에 없었다. 화장대 위에 하얀 전지를 깔고 긴장 상태로 작업했던 게 가장 기억에 남는다. 좁은 공간에서 힘들었을 수도 있을 텐데 배우 신세경, 김효진 둘 다 즐겁게 촬영해주어 나 역시 기분 좋게 작업할 수 있었다.

한 화보를 만들어내기 위해서는 에디터가 원하는 콘셉트의
헤어와 메이크업이 반드시 존재해야 한다.

'살롱'이라는 단어를 듣는 순간 이미 머릿속에는 굵고 힘 있
는 웨이브, 짙은 레드 컬러의 립, 깊고 그윽한 눈매가 떠올
랐다.

김효진과 신세경 모두 머릿속에 그린대로 짙은 컬러의 레드
립을 연출했는데, 각기 다른 느낌을 주기 위해 톤과 질감을
다르게 표현했다. 김효진은 고혹스러운 아름다움을, 신세경
은 고급스런 섹시함을 표현했는데 메이크업 아티스트로서
그 결과가 매우 만족스러웠다.

■ 촬영 중간에 셋이서 뷰티에 관한 인터뷰를 진행
했다. 이야기를 나눌수록 뷰티를 너머 연기. 생활.
철학 등에 관한 대화로까지 이어지게 되었다. 그
동안 셋이 모여 이렇게 깊은 이야기를 나눈 적이
없었던 터라 더욱 소중하게 느껴진 시간이었다.

강혜정 웨딩 메이크업

ⓒ 카마스튜디오

■ 앳돼 보이는 신랑신부는 평범한 웨딩 촬영과는 달리 장난기 가득하면서도 자연스러운 포즈로 행복하고 사랑스러운 모습을 보여줬다. 지금까지 보아왔던 웨딩 사진 중 가장 이상적인 신랑신부의 모습이 담겨 있지 않았나 생각할 정도로.

고정관념을 깬
내 추 럴   로 맨 틱   웨 딩   메 이 크 업

배우 강혜정과 가수 타블로의 웨딩 촬영과 결혼식은 마치 잘 짜여진 시나리오대로 진행된 로맨틱 영화의 한 장면 같았다. 실제로 그들의 웨딩 화보와 결혼식 사진이 공개된 이후, 각종 매체와 신부들에게 많은 문의를 받아 버거웠던 기억이 있다. 아마도 내가 느꼈던 아름답고 사랑스러운 모습을 모두 똑같이 느꼈으리라.

배우 강혜정은 학창시절부터 봐왔기 때문에 지금은 거의 가족 같은 느낌이다. 오랜 시간을 함께한 그녀지만 변함없이 예의바르고 깍듯하다. 요즘도 숍에서 만나면 늘 90도로 인사를 하는 예의바른 그녀. '의리'를 외치는 남자 배우가 떠오를 만큼 정의롭고 의리파인 성격과는 달리, 조막만 한 얼굴에 오목조목한 이목구비가 특징이다. 웃을 때 특히 더 매력적인 반달 눈매는 그녀가 절대 동안으로 꼽힐 수 있는 비장의 무기이기도 하다.

리허설과 본식의 웨딩 메이크업은 강혜정의 귀엽고 사랑스러운 모습을 그대로 살려 로맨틱 룩을 연출하는 것이 포인트. 작은 얼굴에 비해 또렷한 이목구비를 가진 그녀이기에 짙은 컬러감이 들어가면 과한 느낌이 들 수 있다. 때문에 베이스 메이크업의 톤만 한 톤 밝게 연출해 화사함을 강조했다. 베이스 메이크업 마지막 단계에서는 파우더를 거의 사용하지 않아 촉촉하게 마무리했고, 눈썹은 결을 살려 투명 마스카라로 고정만 시키는 선에서 마무리했다. 밝은 컬러의 섀도로 눈가를 한 톤 정도만 밝히고 아이라인은 속눈썹 사이만 꼼꼼히 메워 자연스럽게 눈매를 표현하는 것도 잊지 않았다. 마지막으로 화사해 보일 수 있는 핑크 톤의 블러셔와 립스틱을 사용해 로맨틱한 웨딩룩을 완성했다.

5년이 지난 지금도 그날의 사진 속에는 조금의 어색함도 없이 사랑스럽고 예쁜 신부의 모습이 보인다. 그 이유 중 하나가 바로 자연스러움. 과한 스타일링과 메이크업으로 얌전한 신부의 모습을 억지로 연출하기보다는 평소 모습처럼 밝고 건강하게 자연스러움을 보여준 것이 오랫동안 '예쁜 신부'의 모습으로 기억되도록 만든 것 같다. 웨딩 메이크업과 스타일링에 있어서 고정관념을 깨고 자신에게 잘 맞는 스타일을 선택하는 것이 가장 중요하다는 것을 새삼 느끼게 된다.

송윤아 웨딩 메이크업

■ 배우 송윤아의 웨딩 메이크업 포인트는 단아하고
지적인 그녀의 이미지를 그대로 살리는 것. 여성스
러운 그녀의 메이크업은 현재도 수많은 신부들에게
사랑받고 있다.

ⓒ 비쥬바이진스

지적이고 단아한 이미지,
웨딩 메이크업의 정석

지금도 그렇지만 결혼식 당시 '송윤아' 하면 떠오르는 것은 지적이고 단아한 이미지였다. 모든 결혼식에서 여성들이 가장 원하는 이미지 역시 그러하다. 그래서일까. 특별하게 튀거나 강렬한 느낌은 없지만 그녀의 웨딩 메이크업은 그 후 오랫동안 많은 신부들에게 인기를 얻고 있다.

송윤아의 얼굴을 살펴보면 모든 것이 여성스럽다. 적당히 볼륨감이 느껴지는 이마, 오똑한 콧날, 크고 선한 눈매, 도톰한 입술, 갸름한 얼굴 라인. 게다가 대칭을 이루고 있는 이목구비가 그 자체만으로도 지적이고 단아한 이미지를 갖게 한다.

이날 웨딩 메이크업의 포인트는 그런 그녀의 이미지를 그대로 부각시켜 깨끗하고, 지적이고, 단아한 이미지를 극대화하는 것. 전체적으로 꼭 필요한 컬러 외에 다른 컬러를 절제하는 것도 중요한 포인트였다. 은은한 베이스로 얼굴 전체를 감싸듯 가볍게 표현하되 잡티를 꼼꼼하게 커버해 매끈한 피부 톤을 살렸다. 강한 포인트 컬러나 과한 펄을 표현하는 아이 메이크업은 철저하게 배제하고 중간 컬러의 섀도로 음영만 살리도록 했다. 대신 아이라인을 또렷하게 그려 시원한 눈매를 연출하고 딥 컬러의 섀도로 라인을 따라 커버한 후 자연스럽게 그라데이션을 해 깊은 눈매를 표현했다. 끝으로 핑크 컬러의 블러셔로 화사함을 더하고 피치 계열의 립 컬러로 여성스러움을 극대화했다.

자신에게 가장 잘 어울리는 메이크업은 스스로가 부담 없이 소화할 수 있다는 장점이 있다. 때문에 특별한 날이라고 해서 무조건 특별한 메이크업을 할 필요는 없다. 사실 내가 가장 좋아하고 자신 있게 할 수 있는 메이크업도 내추럴한 메이크업이다. 그래서 그녀는 나의 메이크업을 신뢰하고, 나는 그녀에게 메이크업을 해주는 일이 이토록 행복한 것인지도 모르겠다.

WEDDING
MAKEUP STORY 3

김효진
웨딩 메이크업

© 르브루네프

■ 웨딩 메이크업에서는 감히 상상도 못 했던 스모키. 배우 김효진은 그녀만의 클래식한 스타일로
세미 스모키 웨딩 메이크업을 멋지게 소화해냈다.

모던하고 시크한 이미지,
세 미   스 모 키   웨 딩   메 이 크 업

"원장님한테 제일 먼저 말하는 거예요!"
배우 김효진이 자신의 결혼 소식을 알려왔다. 누구보다 온 마음을 다해 축복해주고 싶었기 때문에 세상에서 가장 아름답고 세련된 신부로 만들어주겠다고 다짐했던 기억이 있다. 물론 어떤 메이크업도 충분히 소화해낼 수 있는 그녀지만 모던하고 시크한 이미지를 그대로 살리고 싶었다. 그래서 선택한 메이크업이 세미 스모키.
당시만 해도 웨딩 메이크업에 스모키는 상상도 못 할 일. 곱

기만 해야 할 신부가 너무 세 보일 수 있고 새하얀 웨딩드레스와 조화를 이루기도 쉽지 않아 모두들 기피하는 웨딩 메이크업이기도 했다.
'스모키'라고 하면 대부분 강한 느낌의 메이크업을 떠올린다. 하지만 웨딩 메이크업으로 연출하는 세미 스모키는 화보나 무대 위 스타들의 스모키보다 훨씬 더 부드럽게 연출해야 한다. 그것이 웨딩 스모키의 포인트.
차분한 브라운 컬러의 섀도로 눈두덩을 물들이듯 그라데이

선하면 클래식하면서도 깨끗하고, 고급스러운 느낌을 충분히 살릴 수 있다. 10년 넘는 세월 동안 그녀와 가족 그 이상으로 가깝게 지내왔기 때문이었을까. 신부 김효진은 멋지게 메이크업을 소화해줬고 고급스러운 세미 스모키는 웨딩 메이크업 역사에 한 획을 그었다고 할 만큼 좋은 반응을 얻었다.

카메라 앞에 서서 당당하게 포즈를 취하던 중학교 3학년 앳된 소녀. 그녀가 20대 여인이 되어 한 남자의 옆에 신부로 서 있는 모습을 보니 그녀와 함께한 세월이 영화 필름처럼 스쳐갔다. 세상 그 어떤 신부보다 세련되고 아름다웠던 김효진. 그녀의 아름다운 모습을 지켜보면서 엄마처럼 울컥하는 걸 참느라 정말 혼이 났다.

김희선
웨딩 메이크업

■ 김희선은 이미 충분히 아름다운 배우이기 때문에 그녀의 웨딩 메이크업은 오히려 내게 가장 어려운 숙제였다. 그 숙제를 풀어준 포인트는 바로 펄 코트 라인.

ⓒ 카마스튜디오

228

펄 코트 라인으로
포인트를 준 웨딩 메이크업

배우 김희선의 미모를 이야기할 때 고개를 가로젓는 이는 그 누구도 없다. 모두가 인정하듯, 김희선의 미모는 출중하다. 그런 그녀의 결혼 소식을 접하고 내 고민은 시작되었다. 인생에서 가장 아름다워야 하는 순간, 대부분의 신부들은 메이크업으로 더욱 아름다워진다. 하지만 그녀는 이미 충분히 아름다웠기 때문에 오히려 메이크업이 묻혀버리지 않을까 하는 걱정이 앞섰다.

몇날 며칠을 고민한 결과, 과감하게 생각을 정리했다. 최대한 클래식하면서도 깨끗한 이미지를 완성하기로 한 것. 굳이 무언가를 커버하고 보완할 필요가 없었기 때문에 그녀의 아름다움을 그대로 드러내면서 고급스러운 이미지를 강조하기로 했다. 다만 한 가지, 결정적 포인트가 될 수 있는 무언가를 찾아야 했다. 그때까지만 해도 그 결정적 포인트는 정해두지 않았다.

우선 피부 톤을 화사하게 표현하고 피부 결을 강조하는 베이스 메이크업을 완성했다. 김희선은 특히 눈이 예쁘기 때문에 또렷한 라인과 풍성한 속눈썹으로 과하지 않게 부각시켰다. 전체적으로 자연스럽게 이목구비를 강조하면서 헤어, 메이크업, 드레스가 조화를 이루도록 노력했다. 그런데 메이크업을 마치고도 어딘가 만족스럽지 못했다. 결정적 포인트를 아직 찾아내지 못했기 때문에 아티스트로서 허전함을 느끼고 있었던 것이다.

그녀의 얼굴을 한참 바라보다 촉촉하게 반짝이는 눈동자를 보고 힌트를 얻었다. 바로 언더라인에 펄 코트로 반짝임을 주는 것이다. 조명을 받을 때마다 보석처럼 빛나는 한 줄의 라인은 그야말로 고민 끝에 찾아낸 신의 한 수였다. 눈 밑의 반짝임이 눈매를 또렷하면서도 크게 표현해줄 뿐만 아니라 눈망울을 더욱 반짝반짝 빛내주었다. 그 포인트가 바로 지금도 많은 신부들이 나를 찾아와 김희선의 메이크업을 지목하고 요청하는 이유다.

WEDDING
MAKEUP STORY 5

정혜영 리마인드
웨딩 메이크업

WEDDING
MAKEUP STORY

ⓒ 엘르(photographer 오중석)

혈색과 생기로 설렘을 표현한
리 마 인 드 웨 딩 메 이 크 업

결혼 10주년을 맞아 〈엘르 브라이드〉와 함께한 정혜영, 션 부부의 로맨틱한 웨딩 화보. 10년 전보다 그들의 믿음은 더욱 견고해졌고 여전히 사랑은 변함없다. 네 명의 아이 엄마라는 사실이 믿기 어려울 만큼 아름다운 미모를 간직하고 있는 배우 정혜영. 아니, 10년 전의 그녀보다 내면과 외면 모두 더욱 채워지고 다듬어진 것 같다.

이번 리마인드 웨딩 화보에는 한 컷 한 컷에 사랑스럽고, 따뜻하고, 아름다운 그녀의 모습이 담겨 있다. 로맨틱의 결정판을 보여준 부부의 모습, 존재만으로도 따뜻한 가족의 모습, 설렘을 간직한 아름다운 그녀의 모습에서 10년의 시간을 아우르는 행복을 느낄 수 있다.

가족 모두가 등장하는 리마인드 웨딩 화보라고 해도 역시 주인공은 신부일 수밖에 없다. 10년 전의 순수하고 청초한 느낌을 다시 한 번 담아내기 위해 반짝이는 펄도, 짙은 컬러도 모두 생략하고 가장 자연스러운 메이크업을 연출했다. 정혜영은 워낙 피부가 좋고 이목구비가 또렷해서 평소 색조 메이크업을 잘 하지 않는 편이다. 피부 톤만 고르게 잡아줘도 얼굴이 금세 화사해지기 때문에 베이스 메이크업에 심혈을 기울인다. 웨딩 메이크업 역시 자연스러우면서 화사한 베이스 메이크업을 연출하고 블러셔로 혈색을 강조해 건강하고 순수한 이미지를 연출했다. 아이 컬러는 최대한 자제하고 풍성한 속눈썹을 부각시켜 또렷한 눈매를 만들고 적당히 붉은 립 컬러로 생기를 더했다.

요즘도 매일 아침 '축복해, 사랑해!'라고 애정 표현을 한다는 정혜영, 션 부부. 10년, 20년 시간이 더 흐른 뒤 이들의 사랑이 지금보다 더 충만해질 때, 변치 않은 미모로 화보 속에서 다시 한 번 아름다운 자태를 드러내주길 기대해본다.

■ 건강하고 순수함을 강조한 웨딩 메이크업으로 그녀의 가족이 현재 느끼고 있을 사랑과 행복을 고스란히 담아냈다.

'Shop Open Party' _ **COSMOPOLITAN**

■ 숍 오픈 파티라고 하기에는 정
말 많은 스타들이 찾아주었다. 마
치 연말 시상식장을 방불케 했다
는 지인들의 이야기에 괜히 어깨
가 으쓱해지곤 했다. 찾아준 모든
이들에게 다시 한 번 감사의 마음
을 전한다.

© 코스모폴리탄(photographer 최문혁)

■ 오랫동안 친분을 쌓았던 스타들과 그간
의 시간들에 대해 추억하며 시간 가는 줄
몰랐다. 이렇게 가족같이 애틋하고 든든한
친구들이 있기에 오늘의 내가 있다는 것을
결코 잊지 않는다.

김활란 뮤제네프
오 픈 파 티

나는 1996년 메이크업과 인연을 맺은 후 혹독한 어시스턴트 시절을 거쳐 프리랜스 메이크업 아티스트로 독립했다. 그 무렵 패션 매거진의 화보 메이크업을 담당하며 조금씩 영역을 넓혀갔고, 2003년 처음으로 이름을 내건 살롱 '뮤제네프'를 오픈했다. 그로부터 꼭 10년이 흘렀다. 그야말로 다사다난했던 10년을 돌아보며 처음부터 다시 시작하는 마음으로 2014년 3월, 김활란 뮤제네프 도산라벨르 점을 오픈했다. 그리고 새로 시작한 자리에서 지난 10년을 돌아보며 기념 파티를 열었다.

봄이라 하기엔 아직 코끝이 시린 3월, 20년 가까이 메이크업을 하면서 인연을 맺어온 수많은 스타들이 기념 파티에 함께해주었다. 임신 후 힘든 몸을 이끌고 어려운 걸음을 해준 김효진·유지태 부부, 15년 넘는 인연으로 중요한 일에 늘 앞장서주는 든든한 지원군 채시라, 함께한 10년 세월 동안 변함없이 바른 모습만 보여주는 의리파 강혜정, 나를 믿고 또 내 메이크업을 좋아해주는 15년 지기 송윤아. '그들의 진심이 없었다면 오늘의 자리가 존재할 수 있었을까?'라는 생각에 종일 가슴 뭉클하고 감사했다. 그 하루를 사진에 담아 기록할 수 있었던 것도 참 행복한 일이다.

빡빡한 스케줄로 도저히 시간을 낼 수 없었던 이들이 짬을 내어 숍을 찾아줬을 때는 그야말로 감동이었다. 공현주, 김윤아, 서지혜, 신세경, 윤소이, 이수경, 정혜영, 그리고 하지원까지. 모두에게 감사의 마음을 전한다. 이들 모두 바쁜 스케줄 때문에 서로 자주 만나지 못했는데 한 곳에 모여 안부를 물으며 즐거운 시간을 보냈다고 한다. 앞으로도 김활란 뮤제네프가 대한민국 뷰티 아이콘들이 자연스럽게 교류할 수 있는 장소가 될 수 있기를 소망한다.

■ 여배우들은 자신의 얼굴을 가장 잘 파악하는 메이크업 아티스트를 만나는 것이 행운이라 말한다. 메이크업 아티스트는 자신의 메이크업을 사랑해주고 자신의 작업을 신뢰하는 배우가 있을 때 가장 행복하다.

PARTY
MAKEUP STORY 2
'MUSEE NEUF 10th Anniversary' _ InStyle

© 인스타일(photographer·오중석)

■ 나의 딸 가현이와 윤아 씨의 매력만점 아들 민재, 시라 언니의 늠름한 아들 채민이는 같은 나이라서 그런지 금세 친해져 촬영장 분위기를 더 신나게 만들어 주었다. 또 사랑스러운 하루는 모든 스태프들의 관심을 독차지하면서 매력을 마음껏 발산했다.

10년의 우정,
'뮤 제 패 밀 리 '가 되 다

뮤제네프 10주년을 맞아 10년 동안 우정을 쌓아온 채시라, 정혜영, 김윤아, 강혜정과 함께 행복한 화보 촬영을 진행했다. 이날 최고의 보너스는 그녀들의 사랑스러운 아이들. '우정'으로 진행될 수도 있었던 화보의 콘셉트는 그녀들의 가장 소중한 보물들과 함께하며 '가족'이라는 따뜻한 콘셉트를 덤으로 갖게 되었다. 처음 제안을 받았을 때 그녀들의 아이들과 화보를 찍는다는 것이 너무나 뜻깊다고 생각했다. 그 의미를 잘 받아주고 공감해주어 가슴 따뜻하게 화보를

촬영할 수 있었다.

채시라, 정혜영, 김윤아, 강혜정. 그들은 나와 10년 이상의 세월을 함께한 가족 같은 존재다. 데뷔부터 전성기까지 가까운 거리에서 지켜 보아왔고 결혼과 육아에 대한 이야기를 함께 나누며 우정은 더욱 돈독해졌다. 서로의 성공을 응원해주고 가까운 거리에서 마음을 다해 챙겨주는 것. 그리고 그 진심을 변함없이 감사하고 소중하게 느끼는 것은 가족과도 같은 관계에서만 가능하다고 본다. 카메라 앞에서

따뜻하고 포근하지만 무엇보다 강한 '가족의 힘'을 보여준
이번 촬영. 그녀들과 좀 더 똘똘 뭉칠 수 있었던 시간이었다.
10년의 시간은 되돌아보면 결코 짧은 시간이 아니다. 끊임
없이 교류하고, 공감하고, 정을 나눌 수 있었던 것은 그들이
스타이기 이전에 나와 같이 누군가의 아내, 누군가의 엄마
라는 이름으로 가정을 이루고 있었기 때문. 인연의 소중함
을 아는 이들이기에 10년의 우정을 '뮤제 패밀리'라는 단단
한 이름으로 기록할 수 있었던 것 같다.

HAIR & MAKE UP COUPON

330,000원

→ 165,000원

• 유효기간 : 2016년 12월 31일

※본 쿠폰 소지 시 김활란 뮤제네프 헤어&메이크업 스타일링을 165,000원에 서비스 받을 수 있습니다.

• 본 쿠폰은 김활란 뮤제네프 전 지점에서 사용 가능합니다(단, JW 메리어트 점 제외). • 본 쿠폰은 유효기간 내에만 사용 가능합니다.
• 본 쿠폰은 반드시 사전 예약 후 사용하시기 바랍니다. • 본 쿠폰은 웨딩 시술로 적용될 수 없습니다.

NO.1

어배우 광 메이크업의 원조!
톱스타들의 잇 헤어 스타일 리더!
셀러브리티의 히트 트렌드메이커!
프리미엄 뷰티의 선두주자!

김활란 뮤제네프

도산 라벨르점 : 02-516-0331
JW 메리어트 동대문점 : 02-2276-3265
청담 부티끄점 : 02-518-0332
해운대 스타제이드점 : 051-863-0331
해운대 파크하얏트점 : 051-731-0819

| **HOME** www.museeneuf.com | **BLOG** museeneuf.blog.me | **FACEBOOK** www.facebook.com/museeneuf | **INSTAGRAM** : museeneuf